基礎から身につく ネットワーク技術シリーズ②

暗号と認証

日経NETWORK編

日経BP社

はじめに

インターネットやLANがオフィスでも家庭でも使われるようになった今,ネットワークはごく身近なものになりました。さらに,携帯電話の爆発的な普及や無線LANの浸透に加え,家電製品でもネットワーク対応が始まるなど,ネットワークが果たす社会インフラとしての役割は重要性を増し続けています。

その一方で,"ネットワーク技術は難しい"と思い込んでいる人は少なくないようです。というのも,ネットワークを知ろうとしても,その動きは目で見ることができないからです。ここが「ネットワークは難しい」,「敷居が高い」と感じさせる理由のようです。

そこで,技術やしくみのポイントをやさしく図解し,目で見てわかるようにしようと思い立って始めた雑誌が日経NETWORKです。

「基礎から身につく ネットワーク技術シリーズ」は,その日経NETWORKに掲載した特集記事を中心とする書き下ろし解説の中から,読者の好評を得たものを選りすぐり,テーマ別に再構成した技術解説シリーズです。どれも,「謎が解けた」,「絵本のように読み進められる」という嬉しい評価をいただいた記事をベースにしていますので,「ネットワーク技術を基礎から身につけたい!」とお考えの方に最適な解説書としてお薦めします。

本シリーズは,技術を習得しやすいように1テーマを1冊でまとめました。苦手な分野,ちょっと自信のない分野を集中的に学ぶ場面にもお役立ていただけるものと思います。

本書は,暗号と認証技術にフォーカスをしぼって解説しています。不正アクセスや情報漏えい事件が頻発する昨今,暗号と認証はネットワークを安全に使ううえで不可欠です。オンライン・ショッピングはもとより,隣のパソコンのフォルダへアクセスする場面でも,こうした技術が利用されています。

Part1とPart2では,3大暗号技術である共通鍵暗号,公開鍵暗号,一方向暗号を中心に,実際にディジタル・データをどのように暗号化しているのかを解説します。暗号通信に使われる技術の中身がどうなっているのか,そうした技術を使うと

なぜ安全になるのかといったことが明確になるはずです。

　Part3は，ネットワークを介してアクセスしてくるユーザーが本物かを確かめる認証技術を解説します。Part2までで学んだ暗号技術がどのように利用されているかもわかるでしょう。

　最後のPart4では，VPNやリモート・アクセスの分野で，現在最も普及しているIPsecを詳細に解説します。IPsecの仕様は多岐にわたっていて複雑ですが，ベースになっている暗号技術と認証技術を押さえていれば，理解するのは決して難しくありません。

　本書が，ネットワーク・セキュリティに不可欠な暗号と認証技術の本質を理解する一助になれば幸いです。

2004年11月
日経NETWORK編集長　林 哲史

目次

Part1 暗号通信の基本 …………………………………… 7

1-1 原理　ルールに合わせてビット列を並べ替えたり置き換える ………8
別掲：今の暗号技術の基になったDESと，新・標準AESの特徴…………18

1-2 種類　3種類ある暗号技術，それぞれで用途が異なる ……………21
共通鍵暗号──通信データの暗号化に使う ……………………………23
別掲：暗号-復号-暗号と3回処理するトリプルDES ……………………30

一方向暗号──通信データの改ざんを見つける ……………………32

公開鍵暗号──鍵の交換と認証に使う ……………………………35

1-3 組み合わせ　三つの暗号が役割分担，SSLで実際の動きを確認………39
別掲：鍵の基の乱数をどうやって作るか ……………………………48

Part2 暗号技術の中身 ……………………………………49

2-1 5大要素　共通鍵，公開鍵，電子署名，ハッシュ，強度を押さえる ……50
コラム：こんなところにも暗号が！？ ……………………………52
コラム：絶対に解けない暗号はあるか ……………………………53
コラム：暗号開発者の腕の見せ所は？ ……………………………56
コラム：「暗号を破る」とは？ ……………………………………59

2-2 アルゴリズム　DESとRSAの中身を見てみよう ……………65

2-3 実践　実際のアプリケーションで暗号を使ってみよう ……………71
コラム：輸出規制ではミサイルと同じ扱い ……………………………77

目次

Part3 認証の本質 …………………………………………… 83

3-1 原理　通信相手を確認する4手法，安全性に大きな違い ……… 84
平文認証── これが基本中の基本 …………………………………… 87
チャレンジ・レスポンス── 双方で計算結果を比較する ………… 89
ワンタイム・パスワード── パスワードを毎回捨てる …………… 94
ディジタル署名── 公開鍵暗号を使う ……………………………… 95

3-2 実際　メールやWebページではどんな認証方式を使っているか …… 99
電子メールの認証── デフォルト設定は危険が多い ……………… 100
PPPで利用する認証── 使わない認証機能はオフに ……………… 104
Webアクセスでの認証── HTTP，SSL，あるいは独自方式 ……… 107
　腕試しクイズ：RSAの名前の由来は？ …………………………… 115
　Q&A：Windowsで勝手にサーバーにつながるのはなぜですか？ …… 116
　Q&A：Webサイトにパスワードを覚えさせても大丈夫でしょうか？ …… 118
　Q&A：全国どこでも同じIDとパスワードが使えるのはなぜですか？ …… 120

Part4　IPsec完全制覇 …… 123

4-1　オリエンテーション　LAN同士をつなぐために安全なトンネルを作る … 124

4-2　予習　ひと目でわかるIPsec …… 134

4-3　必修　5ステップで根本から理解，これだけ押さえれば完璧だ …… 138

第1講　トンネルの識別 …… 140

腕試しクイズ：IPパケットをヘッダーごと暗号化するモードはどれ？ …… 145

第2講　パケットの検証 …… 146

第3講　通信相手の認証 …… 149

第4講　暗号鍵の交換 …… 152

第5講　トンネルの作成 …… 155

4-4　演習　使っていると出会うトラブル，その原因と対策を明らかにする … 161

例題1　パケット長問題 …… 161

例題2　NAT越え問題 …… 166

例題3　アドレス重複問題 …… 171

索引 …… 177

Part 1
暗号通信の基本

インターネットには危険がいっぱい──。そこで，すっかり身近になったのが暗号通信。いくつもの暗号技術を組み合わせ，通信内容を隠すだけでなく，相手や内容が本物かを確認したりもしている。なぜそんなことができるのか，どうして安全なのか。暗号通信のキモとなる技術を押さえ，実際の処理を明らかにする。

1-1 原理　ルールに合わせてビット列を並べ替えたり置き換える ……………… p. 8
　　　別掲：今の暗号技術の基になったDESと，新・標準AESの特徴 ……………… p.18

1-2 種類　3種類ある暗号技術，それぞれで用途が異なる ……………………… p.21
　　　共通鍵暗号──通信データの暗号化に使う ………………………………… p.23
　　　　別掲：暗号-復号-暗号と3回処理するトリプルDES …………………………… p.30
　　　一方向暗号──通信データの改ざんを見つける …………………………… p.32
　　　公開鍵暗号──鍵の交換と認証に使う ……………………………………… p.35

1-3 組み合わせ　三つの暗号が役割分担，SSLで実際の動きを確認 ………… p.39
　　　別掲：鍵の基の乱数をどうやって作るか ……………………………………… p.48

1-1 原理
ルールに合わせてビット列を並べ替えたり置き換える

　暗号というと，シャーロック・ホームズの「踊る人形」のような推理小説を想像するかもしれない。一見すると意味不明に見える図形列に隠された意味を，ホームズが解き明かす物語である。このように暗号とは，解き方を知らない第三者には本来の意味がわからないように隠す技術である。

　通信で使う暗号も目的は同じだ。送り手はデータの内容を第三者に解読されないように暗号化して相手に送る。受け手はあらかじめ決めたルールに従って解読（復号）する。

　ここで思い出してほしいのは，ディジタル通信では，あらゆるデータを2進数のビット列に変換してから送るということ。テキストや画像，音声といった区別なく，すべてをビット列に変換して送る。つまり，現代の通信で扱うデータはビット列なのである。

順番を何度も並べ替える

　通信で使う暗号とは，要するに元データのビット列を加工する特殊な変換方法である。

　元のデータ（ビット列）と，暗号鍵（これもビット列）と呼ばれる秘密のデータを組み合わせ，あらかじめ決められたルー

ルに従って,元データのビット列を並べ替えていくのである。しかし,やみくもにビット列を変換してしまったのでは,受信側で元に戻せない。そこで,元に戻せるように変換ルールを決め,暗号鍵と組み合わせてビット列を並べ替えていく。

文章にして書くだけではわかりにくいので図にしてみよう。図1-1は,あらかじめ決めた二つのルールで,8ビットのデータを暗号化する例だ。ここでは,ルールを実行するかどうかを決めるために暗号鍵を使っている。

たった2段階だが,元データのビット列がどうやって異なるビット列に変化したのかがわかるはずだ。こうした処理を繰り返せば,第三者には解読できない暗号データを作れる。しかし,ルールと鍵を知っている受信者は,暗号化したときと逆の

●図1-1　暗号化の基本はビット列を並べ替えていく処理

暗号化とは元のデータのビット列を並べ替えていく処理である。並べ替えのルールは最初から決まっているが,処理の内容が鍵によって変化するように作る。そのため,ルールと鍵の両方がそろわないと元に戻せない。

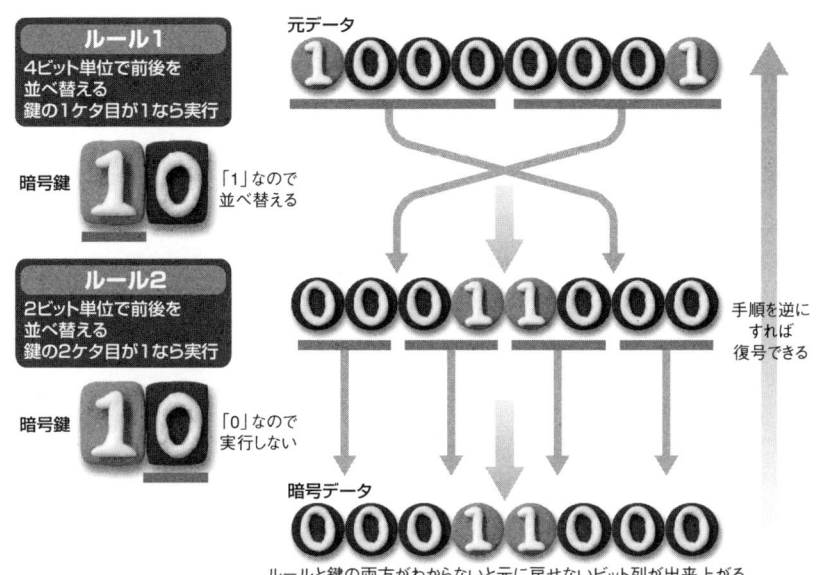

手順を実行することで，暗号化されたビット列から元の正しいデータに戻せる。

　これが暗号技術の基本的な原理の一つで，「転置処理」と呼ばれる。

置換表を使う手法も併用

　転置処理によって，元データのビット列はごちゃごちゃになる。しかし，これだけだと弱い面もある。例えば，元のビット列がすべて「0」だったら，転置処理によって暗号化したデータも同じになってしまう。そこで，実際の暗号処理では「換字処理」という，もう一つの技術を併用する。

　換字処理とは，ルールとして何種類もの置換表を用意しておき，暗号鍵のバリエーションによってどの置換表を使うかを決める。そして，その置換表に沿って元のデータのビット列を置き換えていく。暗号技術の世界では，この置換表のことをS-boxと呼ぶ。

　例えば，元のデータを4ビットずつに区切ったら，最初の4ビットが「1100」だったとしよう。一方，暗号鍵のビット列から置換表Xを使うことが決まった。この置換表Xを見ると「1100→0100」と書かれている。すると暗号処理の中では，最初の4ビットを「0100」に変換する（**図1-2**）。これで，最初の4ビットが暗号化されたことになる。

　こうした処理を繰り返せば，すべてのビット列が変換される。また，受信側では暗号鍵からどの置換表を使ったかがわかるので，その置換表に沿って復号できる。一方，暗号鍵を知らない第三者は，どの置換表を使ったかがわからないので暗号データを元に戻せない。

　ただし，このような換字処理ではデータ全体がごちゃ交ぜにはならず，データを区切ったブロック単位の変換になる。デー

タ全体を大きく入れ替える転置処理と組み合わせることで，より強固な暗号になる。

「XOR」だけは覚えておこう

このほか，実際の暗号処理では「XOR（排他論理和）」という論理演算も多用される。論理演算と聞いただけで逃げ出したくなる人もいるだろうが，難しいものではない。暗号技術をきちんと理解するには不可欠なので，お付き合いしてほしい。

XOR演算はとても簡単だ。「1＋1」が「0」になることと，ケタ上がりしないこと以外は，普通の足し算と同じである。別の見方をすると，二つのビットが同じなら0，異なったら1を出力する（p.12の図1-3左）。

なぜよく使われるかというと，便利だからだ。まず，元データと同じ長さの適当な暗号鍵（ビット列）を用意する。この暗号鍵を

●図1-2　暗号化のもう一つの基本「換字処理」
多数の置換表を用意しておいて暗号鍵によって利用する置換表を使い分ければ、暗号鍵を知らない第三者は暗号データを復号できない。

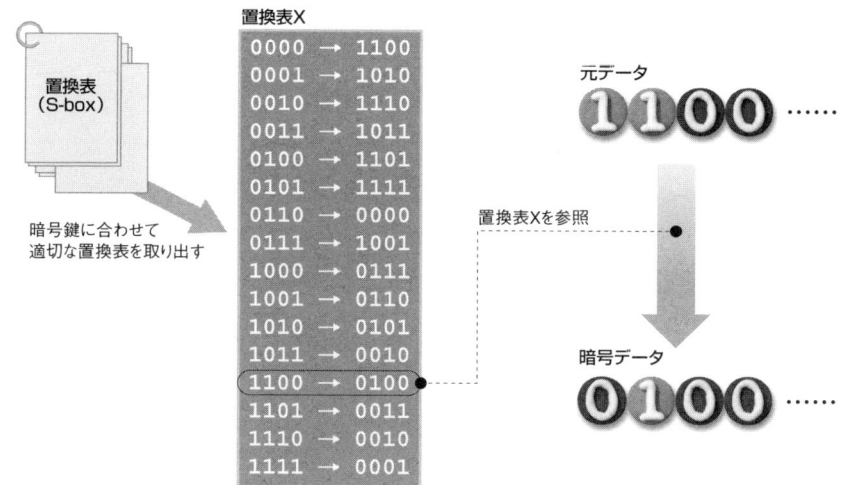

元のデータとXORするだけで暗号データになる(図1-3右)。

復号は，この暗号データに同じ暗号鍵でもう一度XORすればよい。同じ鍵で2度XOR演算すると，同じ数字同士なので，すべて「0」になる。「0」の場合，XOR演算しても元のまま。復号はこの性質を利用しているのだ。また，このことからすべて「0」の暗号鍵はあり得ないことがわかる。

暗号化と復号が同じ処理のDES

実際に使われている暗号では，これまで説明したような転置処理と換字処理を組み合わせてビット列を並べ替える回路を作り，それを何度も繰り返す方式を採用している。これにより，ひとかたまりのデータが暗号化される。最も広く普及している暗号方式の一つであるDES*もそうだ。

DESの原理は以下のようになっている（p.14の**図1-4**）。まず元のデータを半分に分ける（図では4ビットずつ）。次に右半

> **DES**
> deta encryption standardの略。1976年に米国政府が標準認定した共通鍵暗号方式のアルゴリズム。データを64ビットごとに区切って暗号化するブロック暗号で，暗号鍵の長さは56ビット。

●図1-3　暗号化によく利用されるXOR演算

XORは排他論理和と呼ばれる演算で，暗号処理の内部でよく使われる。元のデータと同じ長さのビット列を鍵データとして，1ビットごとにXOR演算することで暗号化する。暗号化したデータにもう一度鍵データをXORすると元に戻る。

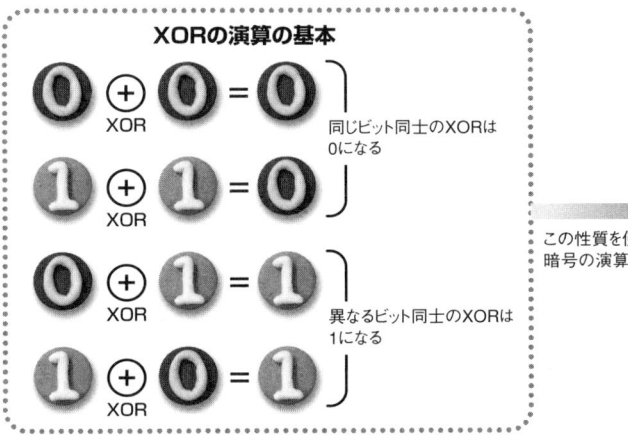

この性質を使って暗号の演算に使う

分に対して暗号鍵を使ってビット列を変換する。こうしてできたビット列を左半分とXOR演算して，左半分だけを暗号化する。これだけでは右半分が暗号化されないので，次は左右を入れ替えて「11010110」とし，鍵を変更✎して同じ処理をする。このようにして，鍵を変更しながら16回同じ処理を繰り返して暗号データを作る。

　DESの処理が面白いのは，暗号化と復号が同じ処理になること。同じ処理回路（「ファイステル構造」と呼ばれる）に暗号データを通すと必ず復号できる。実際のDESでは，鍵を使う順番だけを逆にして，暗号化と同じ処理を16回繰り返す。こうすれば，暗号データが元データに戻る。

　図1-4の下半分を見てほしい。暗号化したデータに同じ鍵を使って暗号化と同じ処理をすると，元のデータに復号されているのがわかるだろう。鍵と右半分が同じなら，ビット列の変換処理から出力されるビット列が同じになるからだ。暗号化され

鍵を変更
DESのアルゴリズムでは，56ビットの鍵から16個の48ビットの鍵（ラウンド鍵）を生成して，それぞれの処理で一つずつ順に利用する。元の暗号鍵から16個の鍵を生成する処理は「鍵拡大」，または「鍵スケジューリング」と呼ばれる。

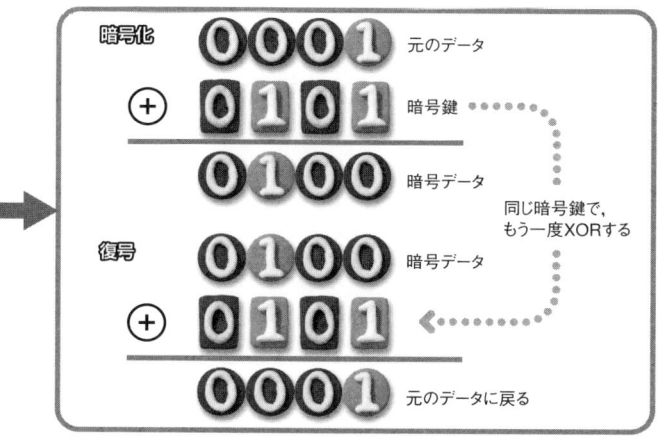

た左半分は、このビット列と元の左半分のXORだから、もう一度同じビット列でXORすれば必ず元に戻るわけだ。

秘密にするのは鍵だけ

推理小説などに登場する暗号は、暗号文を元に戻すルールを秘密にすることで安全性を保つしくみになっている。

● **図1-4　多くの暗号技術が採用するDESの処理回路**
暗号技術の多くは、暗号化と同じ処理をもう一度実行すると必ず復号できるDESの処理回路を採用している。この処理回路は「ファイステル構造」と呼ばれる。

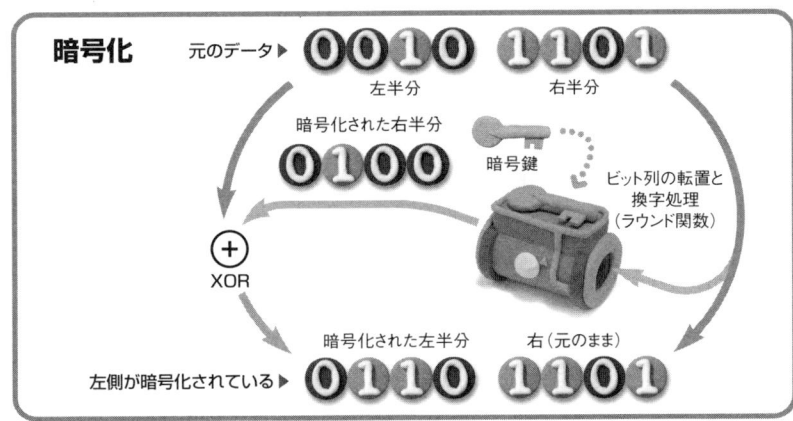

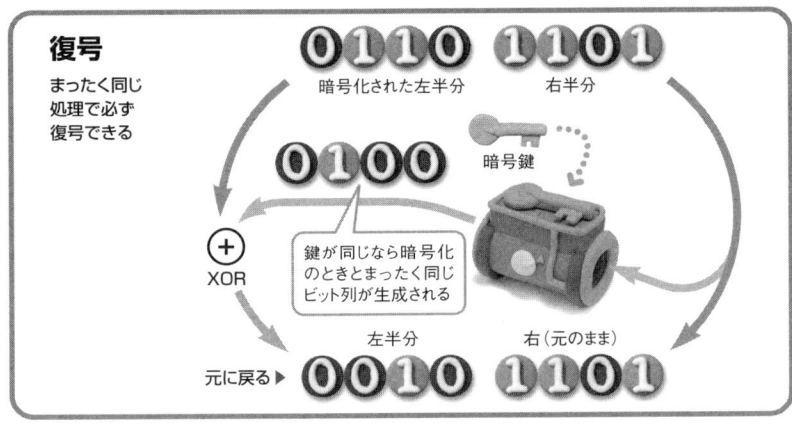

だが，通信で使う暗号のほとんどは，暗号化のルールを公開している。つまり解き方は，だれでも知ることができる。秘密なのは，暗号鍵だけである。なぜそうするかというと，その方が安全だからだ。

暗号の安全性は，解読の難しさで決まる。有史以来，暗号を解読するさまざまな手段が開発されてきた。もし，その全部に耐えられるなら，その暗号は十分に安全だと言える（図1-5）。

ただ，話は単純ではない。暗号解読はある種の職人芸的なノウハウが必要なので，開発者がすべての解読法を試すのが難しいのだ。

そこで考えられたのが，ルールを公開して評価を仰ぐという手段だ。世界中の専門家が寄ってたかって解読を試みてもダメ

●図1-5　どんな暗号が強いのか
強い暗号とは十分に長い暗号鍵が使え，かつ，知られているいろいろな攻撃に耐えられることが，仕様の公開で明らかになっているものを指す。

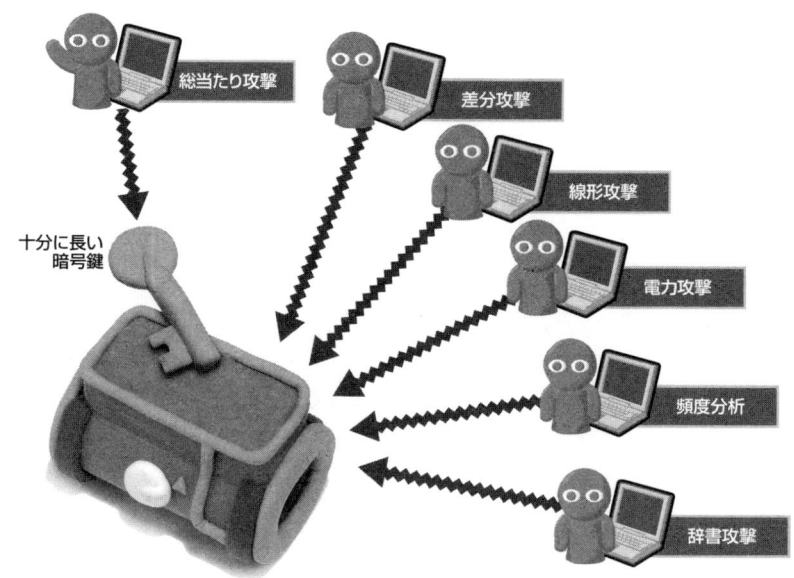

なら，少なくとも現時点では「安全な暗号」と言えることになる。

世界中の専門家から安全性を証明された暗号技術を使い，自分だけの秘密の暗号鍵でデータを暗号化すれば，絶対に解読はできないはずである。

128ビットの鍵は事実上解けない

でもちょっと待て。秘密にしているのは暗号鍵だけ。しかも，その暗号鍵は単なるビットの ら列である。そうすると，暗号鍵を知らなくても，鍵として考えられるビット列をすべて当てはめていけば，いつかは正しい暗号鍵にぶつかって暗号データが解けるのではないだろうか。実はその通りで，これが「総当たり攻撃」と呼ばれる暗号破りの手法である。

要するに現代の暗号は，どんなものでも総当たり攻撃で必ず破れる。だからこそ安全だと言えるのだ。なぜなら，鍵のバリエーションが増えると，総当たり攻撃に時間がかかるからだ。

ものは試しに，ちょっと計算してみよう（図1-6）。40ビットの鍵を使う暗号では，鍵のバリエーションは2の40乗個になる。1秒間に1テラ（10の12乗）個の鍵を試せるコンピュータを使えば，約1秒で正しい鍵が見つかる。

しかし，これが56ビットになると約28時間かかる✎。128ビットだと300兆年の1万倍という途方もない時間になる。700億年程度と言われている宇宙の寿命全部を使っても，1％にも満たない鍵しか試せない計算になる。

つまり，一定以上の長さの鍵を使って暗号化すれば，現実的に解読される可能性はかぎりなくゼロに近づく。現代の暗号の安全性は，こうした原理で保たれているのである。暗号のしくみを公開して多数の研究者から評価を受け，長い暗号鍵を使える有名な暗号技術ほど「強い」のである。

28時間かかる
1999年の「DES チャレンジⅢ」では，DESの56ビット鍵を世界中のコンピュータで分散処理して，22時間15分で実際に解いた。

●図1-6　暗号鍵を長くする効果はどれくらいあるか

考えられる暗号鍵をすべて試して鍵を見つけ出す暗号解読法が「総当たり攻撃」である。現実的な時間で総当たりができなければ，事実上解けないと言える。

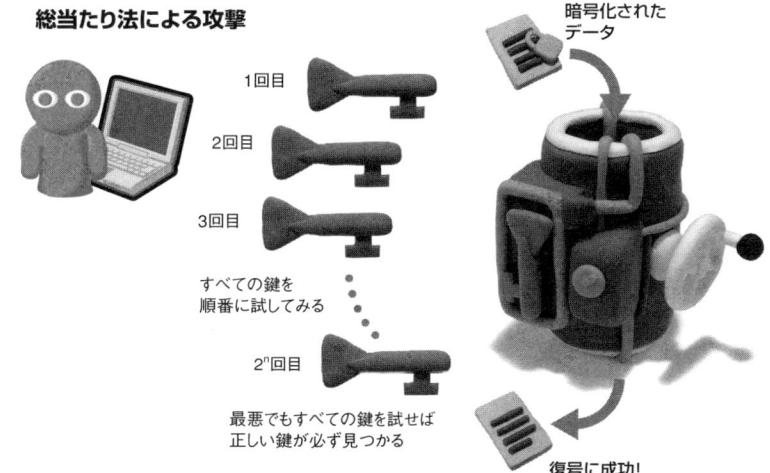

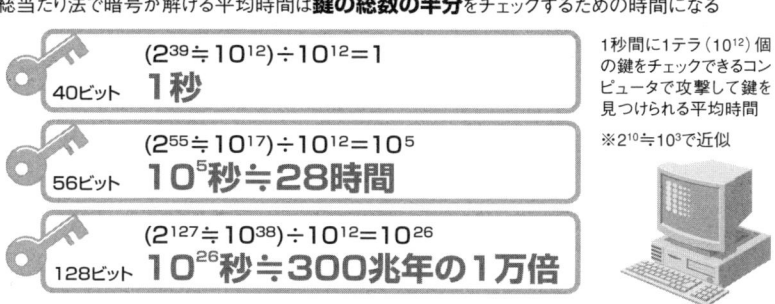

今の暗号技術の基になったDESと，新・標準AESの特徴
ソフトとハードどちらでも高速に処理できる工夫

　本編でも紹介したように，DESが採用した暗号回路は暗号化と復号で同じ処理をする。この回路は，DESの開発者の名前 ✒ から「ファイステル構造」と呼ばれて，DES以外の暗号方式でも幅広く採用されている。

DESはかき交ぜ方で性質が変わる

　ファイステル構造を使うメリットは，ビット列の変換処理を作るときに元に戻すことを考える必要がない点にある。どのように変換してもファイステル構造を使っている限り，必ず復号可能な暗号になる。つまり，p.14の図1-4で紹介したラウンド関数の部分では，どんな演算処理をしてもかまわないということである。

　別の言い方をすると，変換処理の内容を工夫すれば，いろいろな特性を持った暗号が作れる。例えば，変換処理にかけ算のような算術演算を使うと，単純な処理で効率的にビット列を変換できるようになる。パソコンが搭載している汎用プロセッサ（インテルのPentiumシリーズなど）は，かけ算などを速く処理できるように作られているので，パソコンのソフトウエアで実行したときに高速になる。

　一方，転置処理や置換表を使った換字処理を何度も繰り返すようにすると，小さな専用回路でも動く暗号が作れる。メモリーをあまり使わずに処理を実行でき，同じ回路を何度も使い回しするように設計できるからだ。

実は古典的な処理であるAES

　もちろんファイステル構造を使っていない暗号技術もある。その代表格が，2002年5月に米国政府が新しい標準暗号方式として採用し，一般にも普及しつつあるAES（エーイーエス）✒である。

　AESは転置，換字，暗号鍵とのXOR演算という処理の組み合わせを10～14回✒繰り返す。この構成は

　SPN構造✐と呼ばれ，ファイステル構造が開発される以前から使われてきた手法である。

　半分ずつ暗号化するファイステル構造とは違い，SPN構造は1段の処理で入力したすべてのビット列を暗号化するため，全体の処理段数を減らせる。さらに内部の処理それぞれを並列に実行できるので，高速化しやすいメリットもある。また，暗号処理に算術演算を使わなければ，ハードウエアで専用の処理回路も作りやすい✐。

AESはソフトでもハードでも高速

　AESには世界中から21の暗号技術が応募され，書類選考などで15種類の暗号技術に絞られた。安全性の評価を受け，5個が残った。その後，最終的にベルギーの研究者が開発したRijndealという暗号技術が選ばれた。その決め手になったのが「ソフトでもハードでも高速」というバランスの良さだった(p.20の図1-A)。

　最終候補に残った5個の暗号から最終的にRijndealに絞られる過程では，評価環境以外での処理速度が評価の対象になった。1次審査時点でどの暗号も安全性には問題ないと評価が定まっていたからだ。

　当初から有力候補と言われていた米RSAセキュリティのRC6と，米IBMのMARSはここで落ちた。理由は，この二つが評価用の環境として用意されていた200MHz動作のPentium Proでの処理を意識して作られていたからだ。そのため，パソコンでの処理は抜群に高速だったが，専用ハードでの速度不足や回路コストが高くなる欠点が明らかになった。

　これに対し，Rijndealはいろいろな環境で実行しても平均的に十分な処理速度が得られると判定された。結局，この点が決め手になってRijndealが選ばれた。

● 図1-A 世界中に公開されたAESの選考過程
応募があった21の暗号技術から書類選考で15になり，安全性などの評価で最終候補の五つに絞った。

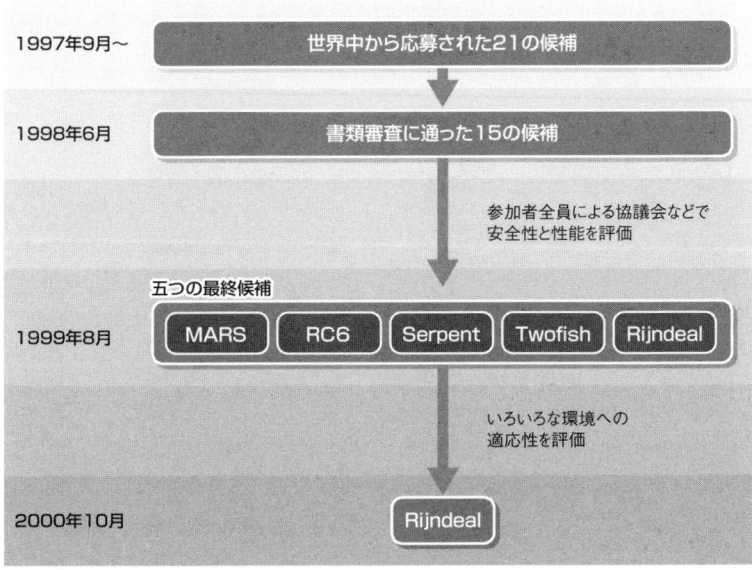

開発者の名前
米IBMのトマス・J・ワトソン研究所の研究者であったホルスト・ファイステル（Horst Feistel）が開発した。

AES
advanced encryption standardの略。米国の標準機関NISTがDESに代わる標準暗号として公募し，2002年5月に正式採用された共通鍵暗号。鍵の長さは128，192，256ビットのいずれかが使える。

10〜14回
鍵の長さによって段数が変わる。

SPN構造
SPNはsubstitution-permutation-networkの略。substitutionは換字処理，permutationは転置処理を意味する。

処理回路も作りやすい
ただし，復号が暗号化とまったく逆の処理になるので，それぞれ別々の回路が必要になり，専用回路のコスト・ダウンには不利になる。

1-2 種類
3種類ある暗号技術
それぞれで用途が異なる

　暗号通信の目的は，インターネットのような環境で相手と安全で確実な通信を実現することだ。インターネットのような環境とは，第三者に通信内容を盗み見されたり，妨害される可能性があるという意味。つまり，さまざまなタイプの攻撃に耐えられるようにしなければならない（p.22の図1-7）。

共通鍵暗号だけでは不十分
　通信データの内容を第三者が読めないように隠すことだけが暗号の目的だとすると，通信データを暗号化するだけで事足りる。しかしそれだけでは，通信相手を偽るなりすましや，通信途中でデータを改ざんする攻撃にほとんど無力である。本来の通信相手になりすました第三者に暗号鍵を渡してしまったら，通信データを暗号化しても意味がない。通信の途中でデータがすり替えられたり，通信が妨害されて途中のデータが抜け落ちたのに気がつかないこともある。
　こうした攻撃から通信を守るには，通信の前に相手を確認したり，届いたデータが間違いなく相手からのものであるかを調べることが必要になる。さらに，改ざんされていないことを確認する技術も重要である。

一方向暗号と公開鍵暗号を併用

しかし，こうした目的にはデータを暗号化する共通鍵暗号だけでは不十分。そこで通信の世界では，一方向暗号や公開鍵暗号という別の暗号技術を併用する。これら二つは共通鍵暗号とは異なる性質を持つため，共通鍵暗号では防げない攻撃に対応できるのだ。

三つの技術を組み合わせる具体的な方法は「1-3 組み合わせ」でじっくり説明するとして，ここでは暗号通信の中核になる三つの暗号技術を個別に解説していく。それぞれの特徴を理解していないと，全体像が見えてこないからだ。ということで，順番に見ていこう。

●図1-7　安全な通信を成立させる三つの暗号技術

悪意のある第三者はいろいろな攻撃を仕掛けてくる。これらに耐えて相手と秘密を守った通信を実現するには，単純に通信データを暗号化するだけでは不十分。

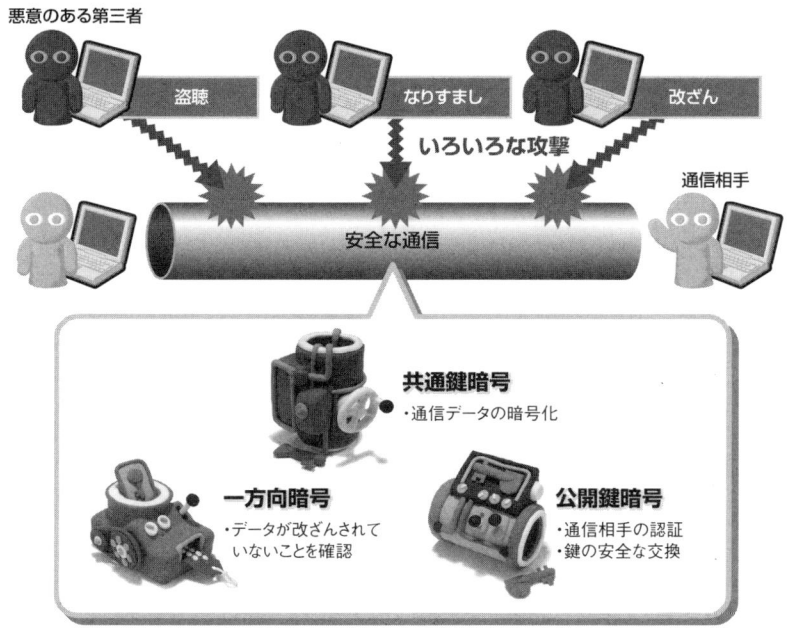

共通鍵暗号
通信データの暗号化に使う

まずは，共通鍵暗号から見ていこう。共通鍵暗号は通信データ自体の暗号化を担う。暗号通信という観点から見ると，中心的存在と言える。

共通鍵暗号の歴史は古い。というより，有史以来ごく最近までは「暗号＝共通鍵暗号」を指していた。

共通鍵暗号の基本的な使い方は，次の通りだ（図1-8）。まず通信の両側でお互いに利用する暗号方式と，暗号化/復号に利用する暗号鍵を決めておく。そして送信側がデータを暗号化して送信し，受信側は同じ暗号鍵でデータを復号する。

要するに，通信の両端で同じ暗号鍵を使う。だから共通鍵暗号と呼ばれるわけだ。対称暗号と呼ばれたり，鍵を秘密にすることから秘密鍵暗号と呼ばれることもある。

●図1-8　通信データの暗号化に使う共通鍵暗号

通信データの暗号化には共通鍵暗号が使われる。共通鍵暗号は暗号化と復号で同じ暗号鍵を使う。当たり前の話だが，利用するには通信の両側で同じ鍵を持っている必要がある。

共通鍵暗号の基本的な使い方

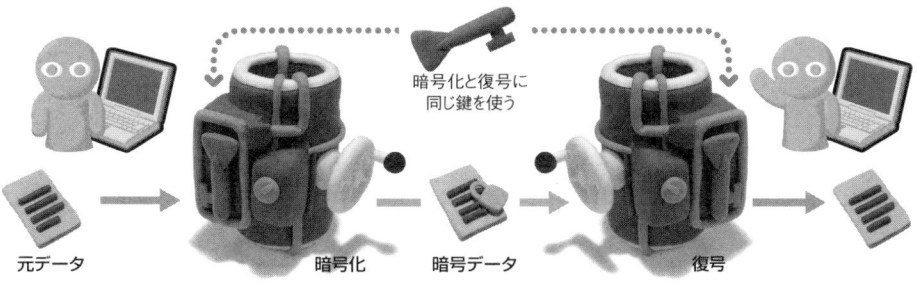

共通鍵暗号には2種類ある

　共通鍵暗号は，元のデータを暗号化するときの手法の違いによってブロック暗号とストリーム暗号の二つに分けることができる。

　ブロック暗号は元データを一定の長さ（ブロック）に区切って，そのブロックに対して個別に暗号化する（図1-9）。「1-1 原理」で見てきた転置処理や換字処理は，このブロックに対して施されることになる。復号もブロックごとに処理される。

　ブロックのサイズは暗号方式によって異なる。一般に，設計が古めの暗号なら64ビット，新しい暗号は128ビットになっていることが多い☞。

　一方のストリーム暗号は元データをブロックに区切らず，1ビットずつ順番に暗号化する（図1-10）。

　中核は，暗号鍵を基に元データと同じ長さのビット列（鍵ストリーム）を発生させる点にある。発生させた鍵ストリームと元データをXORすることで暗号化する。受信側では同じ鍵から同じ鍵ストリームを発生させ，暗号データにXORして復号する。

なっていることが多い
例えば，DESは64ビットで，DESに代わる標準になったAESは128ビットだ。安全性の観点からはブロック・サイズが大きい方が有利。古い暗号のブロック・サイズが小さいのは，非力なコンピュータでも処理できるようにするためだった。

●図1-9　共通鍵暗号の代表的な手法の一つ「ブロック暗号」
データを先頭から一定の長さのブロックに区切って，ブロックごとに暗号化する。

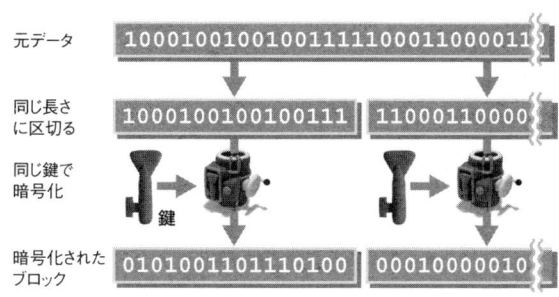

応用範囲が広いブロック暗号

では、それぞれの共通鍵暗号をもう少し詳しく見ていこう。まずはブロック暗号からだ。

ブロック暗号の代表格はDESやAESだが、ほかにもいろいろな暗号✎がある。というか、名前が知られている共通鍵暗号のほとんどは、ブロック暗号だと考えてよい。

ブロック暗号が主流派を占めている理由の一つは用途の多さ。データの暗号化はもちろんだが、使い方次第✎で乱数発生器✎になったり、一方向暗号としても使える。

ただ、通信にブロック暗号をそのまま使うのは問題がある。ブロック暗号はブロック単位で暗号化するため、同じ内容のブロックが出てきたら、まったく同じビット列に暗号化してしまう（p.26の図1-11左）。これでは、暗号化してもブロック1とブロック2の内容が同じだというようなことが、暗号鍵を知らない第三者にもわかってしまう。

通信データの多くは、先頭にヘッダーなどの制御用データが付く。同じ相手への通信なら、ヘッダーの内容は似通ったものになりやすい。もし、同じ鍵を使ってブロック暗号でそのまま

いろいろな暗号
例えば、2003年12月に総務省が発表した「電子政府推奨暗号」には、トリプルDESやAESに加えて、全部で9種類ものブロック暗号がリストアップされている。

使い方次第
例えば、CTRモードで使うと乱数発生器になる。

乱数発生器
電気雑音や温度変化のような予測不可能な数値を基にビット列を生成する装置やプログラムのこと。図1-10中にある鍵ストリーム発生器も乱数発生器の一種である。

●図1-10　もう一つの共通鍵暗号の手法「ストリーム暗号」

暗号鍵を使ってデータと同じ長さのビット列（鍵ストリーム）を発生させ、元データと1ビットごとにXORする。

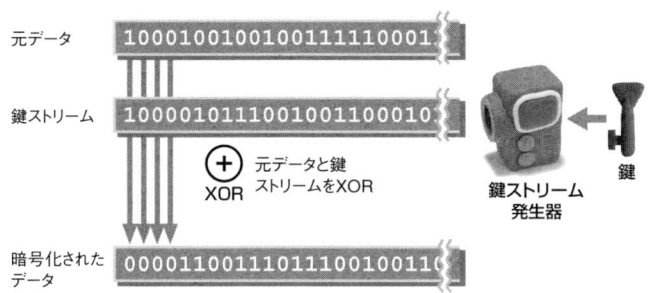

暗号化すると，通信相手などが以前と同じだとバレてしまったりするわけだ。

前ブロックの暗号結果も使う

こうした問題を防ぐために，ブロック暗号は「利用モード」と呼ばれる工夫を加えるのが普通である。利用モードには何種類かあるが，よく使われる暗号ブロック・チェーン（CBC）・モード✍について説明しておこう。

図1-11右がCBCモードである。このモードでは，元データに直前のブロックの暗号データをXORしてから暗号化する。こうすることで，たとえブロック1とブロック2の内容がまったく同じでも，暗号化された結果は異なるビット列になる。

しかし，この方法だと先頭のブロックとXORする対象がない。そこで先頭のブロックには初期化ベクトル（IV）✍と呼ば

> **暗号ブロック・チェーン（CBC）・モード**
> CBCは cipher block chainingの略。カウンタの出力を暗号化して元データとXORするカウンタ（CTR）モードもよく使われる。なお，ブロック暗号をそのまま適用する方式は，電子符号表（ECB：electric code book）モードと呼ぶ。
>
> **初期化ベクトル（IV）**
> IVはinitialization vectorの略。ブロック・サイズと同じ長さで毎回異なるランダムなビット列のこと。毎回異なるビット列にするのは，同じデータを暗号化したときに先頭ブロックの暗号結果が同じになるのを避けるため。

●図1-11　ブロック暗号はそのままでは使えない
ブロック暗号をそのまま使うと，元データのブロックと暗号後のブロックが1対1に対応する形で変換されてしまう。そこで実際の暗号通信では，あるブロックの暗号化に一つ前の暗号ブロックを影響させるような工夫をして使う。この使い方の違いをモードと呼ぶ。

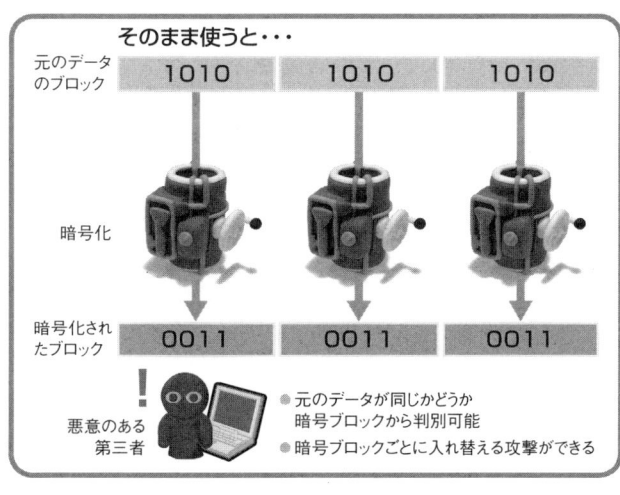

れるランダムなビット列を用意し，そのビット列とXORする。

トリプルDESは処理速度が遅すぎる

この共通鍵暗号の代表格は，何と言ってもDESである。「1-1 原理」でも取り上げたように，そのアルゴリズムは最新の共通鍵暗号にも一部が採用されていたりする。

そのDESには弱点がある。暗号鍵の長さが56ビットと，今となっては短すぎるのだ。最近のコンピュータなら鍵を総当たり攻撃するのも非現実的ではない。

そこでDESの処理を3回繰り返して鍵長を伸ばしたトリプルDESが開発された（pp.30-31の別掲参照）。

しかし，トリプルDESは処理速度が遅い。あとで紹介するストリーム暗号のRC4の10倍も遅いDESの処理を3度も繰り返すからだ。しかもDESには総当たり攻撃以外の解読法も

解読法
1993年に三菱電機の松井充主任研究員が開発し，世界で初めて実際にDESを破った線形解読法はその一つ。

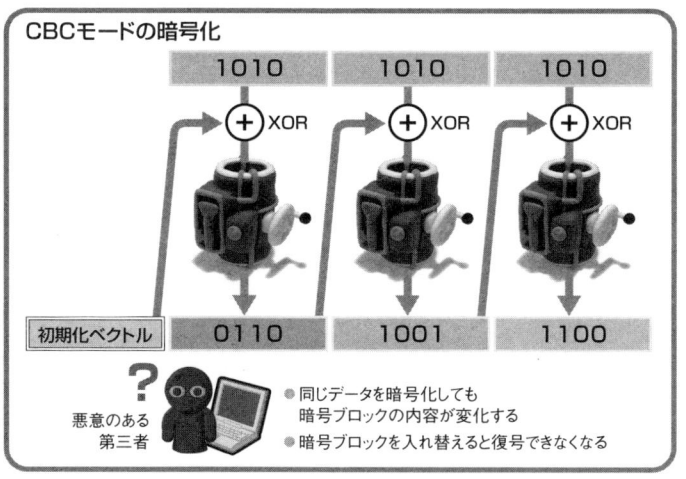

見つかっている。つまり，DESの暗号はすでに破られているのである。

そこで新たに脚光を浴び始めているのがAESだ。DESより安全で，速度は速い。AESをパソコンで処理すると，DESの1.5～5倍の速度になる。米国政府の標準暗号としての地位も手伝い，今後はAESが本流となっていくだろう。

仕様が未公開のストリーム暗号

ストリーム暗号に話を移そう。ストリーム暗号は暗号化するデータの長さが一定でなくてもよいので，暗号化の前処理☞が必要ない。また原理的に処理が軽いので，速度を上げやすいメリットもある。

しかし，実用的な暗号技術としてはあまり使われていない。普及しているのは米RSAセキュリティが開発したRC4くらいだ。その一つの理由は，ストリーム暗号の設計や安全性の評価に関する研究が，まだ十分というレベルまで進んでいないこと。背景には，ストリーム暗号が軍事用として長い間使われてきたという経緯がある。軍事機密の壁があるので，なかなか表舞台に出てこなかったのだ。

軍事技術とは無関係なRC4も，仕様は公式には非公開☞である。RSAセキュリティと契約を結ばないと，詳しい仕様は教えてもらえない。DESやAESのように，公の場で多くの研究者から評価を受けて安全性が証明された暗号☞とは言えないのだ。

そうは言っても，RC4はいろいろな暗号通信で使われている。SSL☞や無線LAN（WEPとWPA☞）の暗号化のほか，リモート・アクセスのPPTP☞，Lotus Notesのようなグループウエアの暗号通信などがそうだ。

この理由の一つは，RC4の処理がたいへん高速だという点に

前処理
元データがきれいに分割できるように余分なビットを付け加えたりする作業が必要になる。これが前処理に相当する。

公式には非公開
1994年に何者かがRC4のソースコード（Arcfourと呼ばれる）をメーリング・リストに投稿したため，現在ではその内容が明らかになっている。ただし，Arcfourと実際のRC4が同一であると米RSAセキュリティが公式に認めたわけではない。

安全性が証明された暗号
公式な安全性解析はArcfourに対してしか行われていない。そこでは，一部にぜい弱性が見つかっている。

SSL
secure sockets layerの略。米ネットスケープが開発したWebアクセスを暗号化するためのプロトコル。SSLの仕様を汎用的に使えるように拡張してRFC2246として標準化されたものは，TLS（transport layer security）と呼ばれる。

WEPとWPA
WEPはwired equivalent privacy，WPAはWi-Fi protected accessの略。WEPはIEEE802.11無線LAN規格のオプションとして定められた暗号機能で，ほとんどすべての無線LAN製品が対応している。WEPはすでにぜい弱性が指摘されている。暗号鍵の使い方を改良したTKIP（temporal key integrity protcol）などを加えてセキュリティを強化したのがWPA。

PPTP
point-to-point tunneling protocolの略。

ある。非常に単純なアルゴリズムで作られており，パソコン上で実行するとDESよりも10倍くらい速いという。また，鍵の長さが決まっておらず，自由に選べる点☛も評価されている。

自由に選べる点
米ネットスケープ・コミュニケーションズがSSLを開発した当時，米国には暗号技術の輸出規制があった。鍵の長さを自由に選べるRC4なら，国内向けには128ビット鍵を使い，海外向けには40ビット鍵を使うような仕様変更が簡単だった。

暗号－復号－暗号と
3回処理するトリプルDES

　トリプルDESはDESの処理を3回繰り返すことで，有効な鍵の長さを伸ばす技術である。それぞれの処理で別々の暗号鍵を使えば，56ビット×3＝168ビットの鍵を使ったのと同じことになる。ただ，この方式は中間値攻撃という解読法に弱いので，実質の安全性は鍵の長さが112ビットのときと同じくらいになると言われている。

　ポイントは暗号化の処理を3回繰り返すのではなく，2段目の処理を復号にしている点だ（**図1-B**）。DESの内部処理が暗号化と復号で同じ処理回路を使うファイステル構造であることを思い出してほしい。鍵が異なれば，DESの復号は暗号化と同じ意味を持つ処理になる。

　しかも，鍵を取り替えながらデータを同じ処理回路に3回通せばトリプルDESになる。したがって，DESにしか対応していないソフトウエアやハードウエアでも比較的簡単にトリプルDES対応にできる。

　一方，三つとも同じ鍵を使うと，前の2回分の処理が打ち消され，DESと同じになる。つまり，3段の暗号処理を並行して実行できるようなトリプルDES専用回路を使っても，鍵を同じにしておけばDESの処理回路として利用できるわけだ。

　なお，トリプルDESには三つとも異なる鍵を利用するDES-EDE3のほかに，二つの異なる鍵で暗号化するDES-EDE2がある。

役目は終えつつあるDES

　DESの歴史は古く，1977年に米国連邦情報処理標準規格に採用されたことで，一躍有名になった。ただ，そのおかげで世界中の研究者によってDESの弱点を突く攻撃手法も開発された。

　その結果，今ではDESは安全な暗号とは言えないところまで来ており，その延命策としてトリプルDESが開発されたわけだ。

　しかし，このトリプルDESにしても処理速度などの問題があり，AESのような新しい暗号技術に標準の座が奪われつつある。

●図1-B　トリプルDESの中間は復号になっている

トリプルDESはDESの処理を3回繰り返して有効な鍵の長さを伸ばしている。2段目の処理を復号にしているのがミソ。

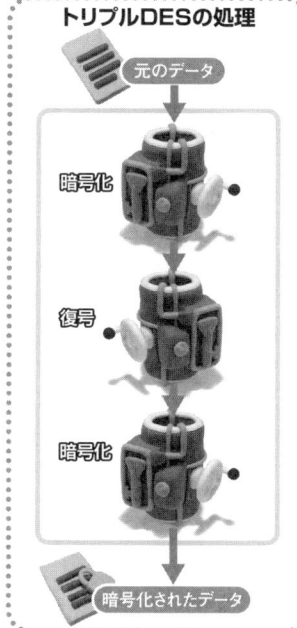

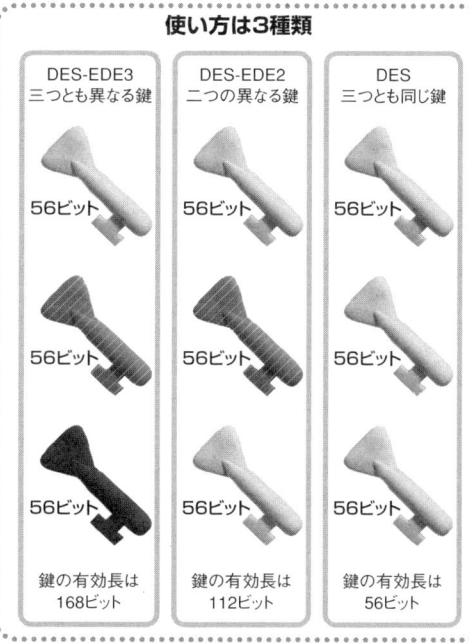

■一方向暗号
通信データの改ざんを見つける

　一方向暗号は文字通りデータを一方向に暗号化する技術で，ハッシュ関数とも呼ばれる。つまり暗号化したデータは元に戻せない。「それでは意味ないのでは？」と思うかもしれないが，さにあらず。元に戻せないことが役に立つ。

データの要約を作る

　一方向暗号に元データを入力すると，元データがどんな大きさでも一定の長さの短いビット列に変換される（**図1-12**）。得られるビット列はでたらめに見えるので「ハッシュ（Hash：でたらめ）値」と呼ばれる🔖。しかし，ハッシュ値はただのでたらめなビット列ではない。元データが同じなら，ハッシュ値は必ず同じになる。逆に元データが少し（例えば1ビット）でも異なるとハッシュ値は大きく変化する。

呼ばれる
「メッセージ・ダイジェスト（要約）」とか「フィンガ・プリント（指紋）」と呼ばれることもある。

●図1-12　一方向暗号の特徴

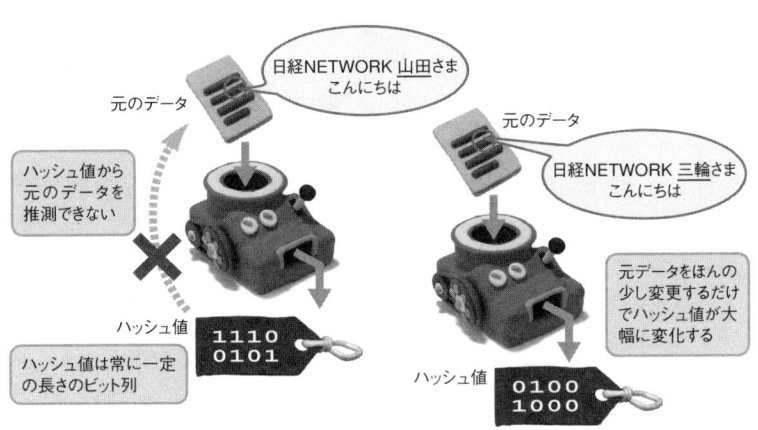

つまり，ハッシュ値は元データのエッセンスなのである。別の言い方をすると，一方向暗号は元データの特徴を抽出して一定の長さにまとめる変換式だと言える。実際の処理としては，「1-1 原理」で見てきたような転置処理やXOR演算が使われ，ブロック暗号の処理と似ている。優れたブロック暗号技術は，一方向暗号に転用されたりするくらいだ。

この一方向暗号は，二つのデータが同じかどうかを判別するときに使う。両者からハッシュ値を取って比較すればよい。元データ全体をしらみつぶしに調べる必要がなく，短いハッシュ値を比較するだけで済むので簡単だし，処理も高速になる。

一方向暗号は，共通鍵暗号や公開鍵暗号と違ってあまり種類がない☞。ロン・リベスト☞が開発してRFC1321として公開されているMD5とAESを認定した米国の標準機関が開発したSHA-1の二つを覚えておけばよいだろう。両者はハッシュ値として出力されるビット列の長さが異なり，MD5が128ビットなのに対し，SHA-1は160ビットである。

データの改ざんがわかる

一方向暗号は，その特徴を生かして通信データの改ざんを検出するために使われる（p.34の図**1-13**）。

基本的なしくみは簡単である。まず，データからハッシュ値を取り，それをデータといっしょに送る。受信者は受け取ったデータのハッシュ値を計算し，送られてきたハッシュ値と比較する。そして二つのハッシュ値が一致すれば，受信データが改ざんされていないと確認できる。

ただ，この方式は通信途中でデータとハッシュ値の両方を改ざんされると対応できない。改ざんデータから作ったハッシュ値が添付されたら，受信側は改ざんを検知できないわけだ。

そこで実際の通信では，もう一工夫して，通信途中での改

あまり種類がない
すでに十分実用的な方式があるので，ほかの暗号技術と違って企業が別の方式をわざわざ開発するメリットがないと言われている。

ロン・リベスト
RSA暗号の開発者の一人で，世界最高の暗号学者と言われている。

ざんを確実に検知できるようにしている。それがメッセージ認証コード（MAC^{マック}）✒と呼ばれるしくみである。

MACでは，あらかじめ送信側と受信側で共通の鍵を用意しておく。鍵は何でもかまわないが第三者には秘密にしておく。次に元データと鍵をつないだデータ✒に対して，ハッシュ値を計算する。あとは同じだ。データにハッシュ値を添付して送る。元データだけではなく，「元データ＋鍵」のハッシュ値を添付する点がポイントだ。

このやり方なら，通信の途中にいる第三者は改ざんしたデータに対応するハッシュ値を計算できない。第三者は鍵を持っていないからだ。一方，受信側は正しい鍵を持っているので，正しいハッシュ値を計算して受信データに改ざんがないか確認できる。

このほか，共有する鍵だけでなく，時間やシーケンス番号といったデータを加えてからハッシュ値を計算する方法もある。付け加えるデータの種類を増やすほど手順は面倒になるが，通信途中に潜む悪者の攻撃を防ぐ安全性は高くなる。

メッセージ認証コード（MAC）
MACはmessage authentication codeの略。元データ以外に鍵などのデータを組み合わせてハッシュ値を計算し，鍵を知らない第三者が元データを改ざんできなくするしくみ。

鍵をつないだデータ
実際はもう少し複雑。RFC2104で決められたHMACという技術は，鍵を半分ずつに分けて元のデータに一方向暗号を2回適用する。

●図1-13　一方向暗号で改ざんを検出する（メッセージ認証コード）

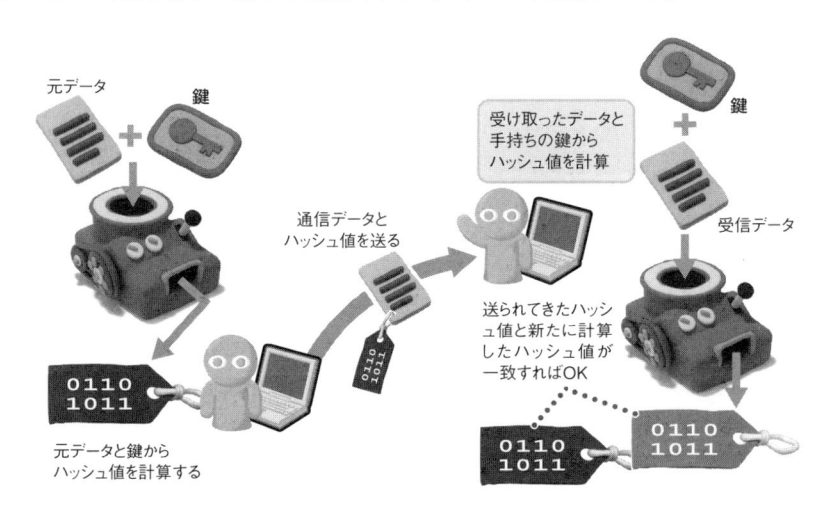

Part 1 暗号通信の基本

公開鍵暗号
鍵の交換と認証に使う

　1976年に開かれた全米コンピュータ会議の席上で，当時スタンフォード大学に在籍していたディフィーとヘルマンは暗号技術の常識を根底から変える革命的なアイデアを発表した。それが公開鍵暗号である。

　このアイデアが実用化されたのは1977年のこと。当時，マサチューセッツ工科大学にいたリベスト，シャミア，アドルマンの3人によって開発され✎，開発者の頭文字からRSA暗号と名付けられた。

　通信技術で使う公開鍵暗号の事実上の標準は，このRSA暗号である。RSA暗号の開発以降も，いろいろな原理に基づく公開鍵暗号の技術が登場しているが，実際にはあまり使われていない✎。

　公開鍵暗号は公開鍵と秘密鍵という二つの鍵（鍵ペア）を使う。この二つの鍵は，片方で暗号化したデータは，ペアのもう一方の鍵でしか復号できない。

　基本的な使い方はこうだ（p.36の図1-14）。受信者はあらかじめ鍵ペアを作り，公開鍵の方を通信相手に渡しておく。そして送信者は元データを公開鍵で暗号化して送る。受信者は受け取った暗号データを秘密にしていたもう一方の秘密鍵で復号する。

暗号鍵を公開しても問題ない

　このアイデアのどこが画期的かというと，公開鍵を秘密にする必要がない点である。それまでの共通鍵暗号では，暗号鍵が第三者にバレた時点で秘密も何もあったものではなくなる。

開発され
RSA暗号の原理は発明者3人が設立した米RSAセキュリティが特許を保有していたが，2000年9月に失効している。

使われていない
RSA以外では，ディフィーとヘルマンが開発したDH（Diffie Hellman）鍵共有，これを公開鍵暗号に改良したElGamal（エルガマル）暗号，同じ原理をディジタル署名に使うDSA（digital signiture algorithm）などがある。

35

どうして公開できるかというと，公開鍵は元データを暗号化するだけで復号できないから。第三者が公開鍵を手に入れても，それだけでは暗号データを解読できない。したがって，インターネットを介して公開鍵を暗号化せずに送っても，なんの問題もない。

公開鍵暗号の主な使い道は，鍵の交換である。共通鍵暗号やMACでは，通信の両側であらかじめ同じ鍵を持っている必要がある。こうした鍵を公開鍵暗号で暗号化して渡すわけだ。通信データそのものを暗号化するのも不可能ではないが，処理が遅いのであまりそういった使い方はしない。

相手を確認するディジタル署名

公開鍵暗号にはもう一つ重要な使い道がある。通信相手の

●図1-14　公開鍵暗号のしくみ

公開鍵暗号は暗号化と復号に，別々の鍵を使う特殊な暗号方式。二つの鍵はペアになっており，片方で暗号化したデータはもう片方でしか復号できない。

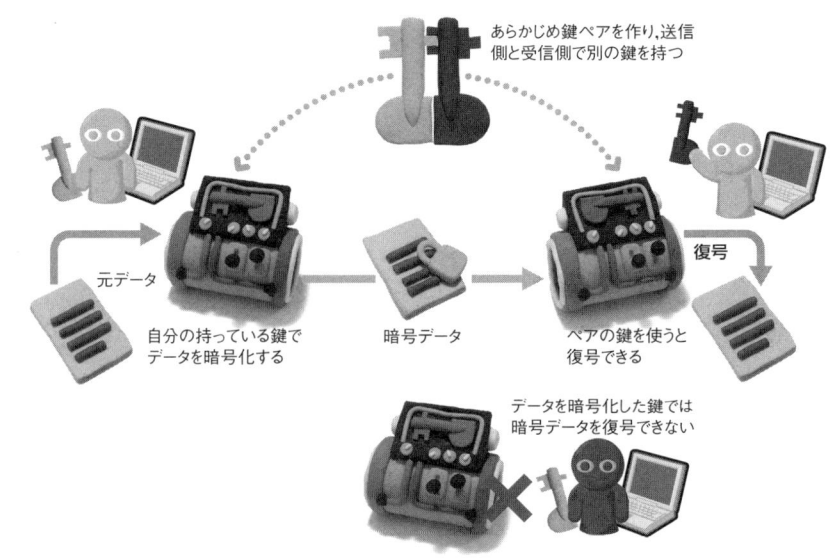

認証である。これはディジタル署名と呼ばれる技術にあたる。

ディジタル署名でも鍵ペアを作るのは通信の相手側（認証される側）である。相手は適当なデータと、そのデータを自分の秘密鍵で暗号化した暗号データをいっしょに送る（**図1-15**）。

認証する側は、この暗号データを公開鍵で開き、元データと比較する。一致すれば相手は「秘密鍵の持ち主＝正しい通信相手」だと確認できる。公開鍵で正しく復号できるデータは秘密鍵の持ち主しか作れないからだ。

データを秘密鍵で暗号化するのは、秘密鍵の持ち主しかできない。これは手紙の書き手が最後に署名するようなものだ。ここから、ディジタル署名と命名された。また秘密鍵で暗号化した暗号データは署名データとも呼ばれる。

公開鍵暗号は、どれも数学的な原理をベースに作られてい

●図1-15　公開鍵暗号で相手を確認する

公開鍵暗号は、相手を確実に認証する手段として使える。適当なメッセージを相手の持つ鍵（秘密鍵）で暗号化して送ってもらい、公開鍵でこの暗号データを正しく復号できたら相手が本物だとわかる。

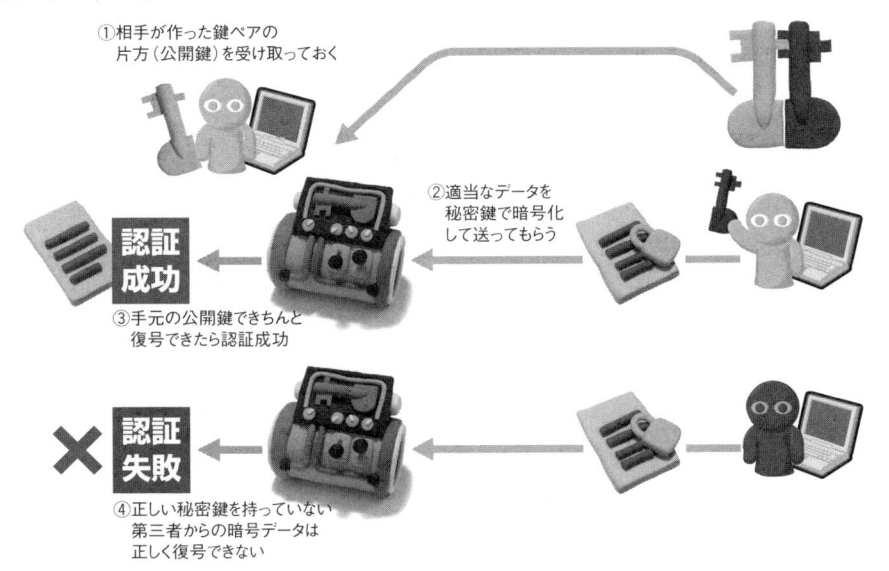

①相手が作った鍵ペアの
　片方（公開鍵）を受け取っておく

②適当なデータを
　秘密鍵で暗号化
　して送ってもらう

認証成功
③手元の公開鍵できちんと
　復号できたら認証成功

認証失敗
④正しい秘密鍵を持っていない
　第三者からの暗号データは
　正しく復号できない

る。その点，ビット列の並べ替えを基本とする共通鍵暗号とはまったく別物である。欠点は処理速度が遅いこと。パソコンで実行したときの速度は，DESと比べても2ケタは遅いと言われている。

数学的な演算で暗号化する

　そのあたりを理解するため，公開鍵暗号の代表格であるRSA暗号の処理をのぞいてみよう。

　RSA暗号は元データを数値として扱い，数学的な計算で暗号化/復号を行う。このとき，e，d，Nという特別な関係にある三つの数値を使う。

　暗号化は元データをe乗してNで割った余りを計算する。この余りが暗号データになる。この暗号データをd乗してNで割った余りを計算すると，復号されて元データになる。不思議だが，そうなっている☛。

　RSA暗号ではeとNが公開鍵で，d（とN）が秘密鍵になる。数学的にはRSA暗号の解読は不可能ではない。Nを素因数分解☛できれば，eからdを導き出せるからだ。しかし，それは事実上不可能である。

　というのは，巨大な数を素因数分解する効率的なアルゴリズムが今のところ発見されていないからだ。実際のRSA暗号では，Nとして1024ビット以上の数値を使う。Nの素因数分解には，膨大な総当たりを試していくしかなく，非現実的な時間がかかるのだ。

　ただ，こうした安全性の代わりに，RSA暗号の処理速度はとても遅い。ぼう大なケタ数のべき乗や割り算が必要だからだ。こうした理由もあって公開鍵暗号で通信データを直接暗号化しないのである。

そうなっている
Windowsに付属する関数電卓で実際に試せる。例えば，e＝79，d＝1019，N＝3337とした場合，3337未満の数に対して暗号化/復号が可能だ。Nで割った余りは「Mod」という関数ボタンを使って計算できる。

Nを素因数分解
Nは二つの素数pとqをかけ合わせて作られている。このpとqを使ってeとdが導き出される。

1-3 組み合わせ
三つの暗号が役割分担
SSLで実際の動きを確認

　ほとんどの暗号通信は，共通鍵暗号，一方向暗号，公開鍵暗号の組み合わせで成り立っている。したがって，「1-2 種類」までをきっちり押さえていれば，実際の暗号通信を理解できる。

　ここでは，SSLを素材に，三つの暗号技術がどう組み合わされて，通信の安全を守っているかを見ていこう。最も広く利用されている暗号通信で，オンライン・ショッピングなどで必ず登場するしくみだ。

暗号通信が守る三つの正義

　まずは問題点を整理しよう。インターネットを経由した通信には，どんな危険が潜んでいるだろうか（p.40の図1-16）。

　インターネットでは第三者に通信データが盗聴されやすく，またそれを検知できない。そこで盗聴されるのを前提にして，盗聴されても第三者には内容がわからないように通信の「機密性」を保つ手段が必要になる。

　悪意のある第三者は，もっと積極的に妨害してくるかもしれない。例えば，通信途中で元データを偽物にすり替える攻撃も考えられる。こうした攻撃に耐えるには，受け取った通信データと相手が送ったものが同じだという「完全性」を確認する手

段が必要だ。

　通信相手にも注意する必要がある。インターネット経由の通信は，相手が必ずしも顔見知りだとは限らない。相手が本物かどうか確認する「認証」の手段が必要になる。

　ここまでをまとめると「機密性」，「完全性」，「認証」が暗号通信に必要な機能になる。

こちらの道具は3種類

　次に暗号通信で使える手持ちの道具をもう一度確認しよう。「1-2 種類」までのおさらいだ。

　まず共通鍵暗号。これは通信データの暗号化に使える。十分に長い鍵を使えば安全だし，処理速度も速い。次に一方向暗号。これは改ざんの検出に使える。送信側と受信側で同じメッセージ認証コードの鍵（MAC鍵）を使い，ハッシュ値に交ぜればより確実だ。

●図1-16　暗号通信に必要な三つの機能
インターネットを使って見ず知らずの相手と通信するなら，機密性，完全性，認証の三つの機能が必要になる。

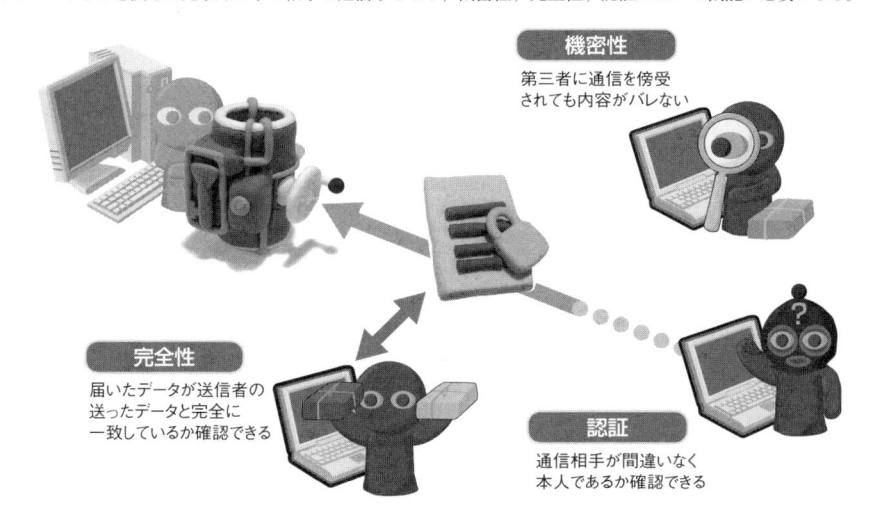

機密性
第三者に通信を傍受されても内容がバレない

完全性
届いたデータが送信者の送ったデータと完全に一致しているか確認できる

認証
通信相手が間違いなく本人であるか確認できる

最後は公開鍵暗号。コイツの使い道は二つある。まず小さなデータの暗号化。公開鍵暗号は暗号化/復号の処理速度が遅いという問題はあるが，暗号鍵のような小さなデータの暗号化なら遅さも我慢できるだろう。

公開鍵暗号のもう一つの使い道は，ディジタル署名を使った認証。こちらも署名を作ったり，確認したりするために暗号化/復号のプロセスが入る。しかし，署名の元データを小さくすれば実用的な速度で使える。

公開鍵暗号は利用する前に何らかの手段で，通信相手の公開鍵を入手する必要がある。ただ，公開鍵が第三者に入手されても，公開鍵では暗号データを解読できない。したがって，公開鍵のやりとりは暗号化する必要がない。

データの機密性には共通鍵暗号

では，三つの暗号技術を実際の暗号通信に当てはめていこう（pp.42-43の**図1-17**）。

最初に機密性。これは通信データを暗号化すれば解決できる。十分に長い暗号鍵で暗号化すれば，盗聴されても解読される心配はない。ただし，暗号化には共通鍵暗号を使いたい。データ内容を隠すだけなら公開鍵暗号も使えるが，処理速度が遅すぎる。

次の完全性は一方向暗号を応用したメッセージ認証コード（MAC）を使えばいい。送信するデータにMACを添付すれば，データが改ざんされていないかを受信側でチェックできる。

鍵の受け渡しに公開鍵暗号が活躍

ただここで一つ問題がある。暗号鍵をどうやって相手に渡すかである。共通鍵暗号とMACは，送信側と受信側で同じ鍵を共有してはじめて機能する技術だからだ。どうにかして相手に

鍵（共通暗号の鍵とMAC鍵）を渡す必要がある。しかし，インターネット経由でそのまま送るのは危険すぎる。

　そもそも鍵をどうやって通信相手に渡すかという「鍵配送問題」は有史以来，暗号を利用する人々を悩ませてきた。盗聴が予想される環境で，通信に使う暗号鍵をやりとりするのは原理的に不可能だからだ。

　公開鍵暗号のコンセプトが画期的だったのは，鍵配送問題を根本から解決したからである。というわけで，データの暗号

● 図1-17　実際の暗号通信は三つの暗号を組み合わせている

実際の暗号通信では共通鍵暗号だけでなく，一方向暗号や公開鍵暗号と組み合わせて，全体として安全な通信を実現している。この方式はハイブリッド暗号と呼ばれる。

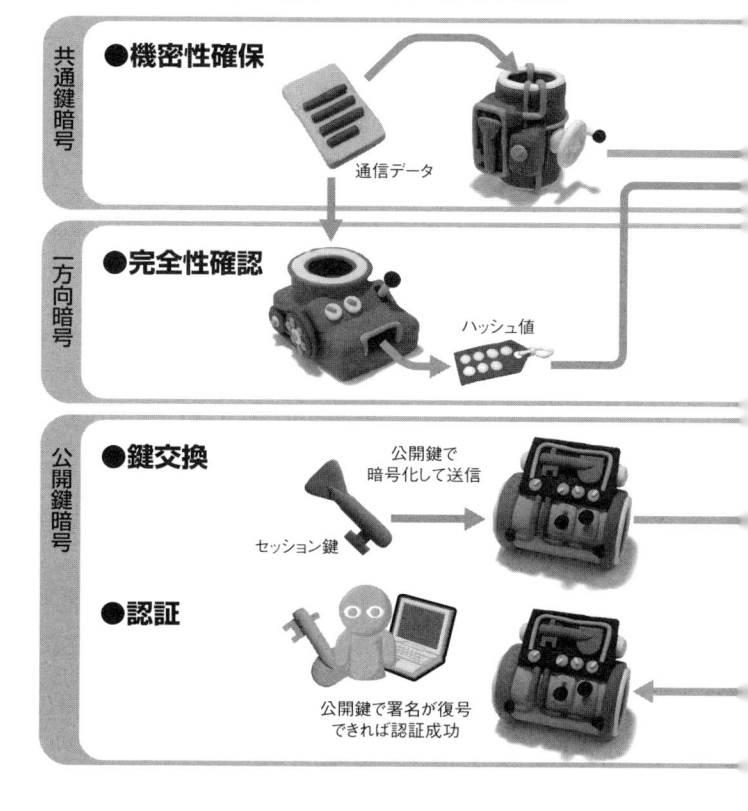

共通鍵暗号
● 機密性確保
通信データ

一方向暗号
● 完全性確認
ハッシュ値

公開鍵暗号
● 鍵交換
公開鍵で暗号化して送信
セッション鍵

● 認証
公開鍵で署名が復号できれば認証成功

化に使う共通鍵とMAC鍵は公開鍵暗号を使って相手に送ればよい。手順としては，まず相手から公開鍵を受け取り，次にこちらが作成した二つの鍵を，その公開鍵で暗号化して送付する手順になる。通信相手は自分の秘密鍵で暗号データを復号し，二つの鍵を入手できる。

最後の認証はディジタル署名が使える。IDとパスワードが使えるような環境ならそれを使う手もあるが，インターネットではディジタル署名を使うのが一般的だ。

IDとパスワード
例えばPPTPやIPsecのようなリモート・アクセス向けの暗号通信技術ではIDやパスワードによる認証を使うケースもある。

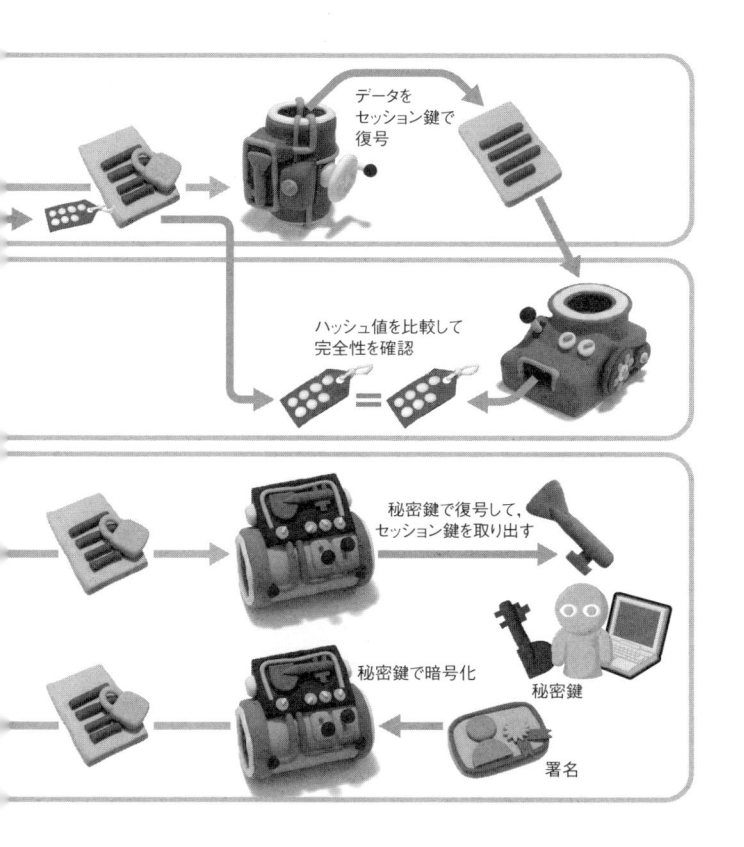

このように現代の暗号通信は，三つの暗号技術を組み合わせて全体の安全を保つしくみになっている。共通鍵暗号と公開鍵暗号でお互いの弱点を補い合うことから，ハイブリッド暗号と呼ぶこともある。

3種類の暗号を組み合わせた

SSLは米ネットスケープ・コミュニケーションズによって開発されたWebアクセスを暗号化するためのプロトコルで，典型的なハイブリット暗号通信の構造を持っている。

では，WebブラウザがサーバーにSSLでアクセスするプロセスを追いながら，三つの暗号技術がどのように使い分けられているか，確認していくことにしよう（pp.46-47の**図1-18**）。

SSLのアクセスは，まずブラウザが対応している暗号方式のリストを送るところから始まる。サーバーはこれに応えて採用する暗号方式を通知する。認証，鍵交換，通信データの暗号化，およびMACに，どの暗号を使うかがここで決まる。

次は認証行程に入る。ここではディジタル署名を使う。ただし，SSLでは通信相手から公開鍵と署名を受け取る単純な方法ではなく，認証局（CA）と呼ばれる第三者機関がサーバーの正当性を証明する方式になる。つまり，サーバー側からはCAによって保証されたディジタル証明書が送られる。

このディジタル証明書には，Webサーバーの公開鍵などが入っており，米ベリサインなどの認証局のディジタル署名も付いている。ベリサインなどの認証局の公開鍵はWebブラウザが内蔵しており，ブラウザは認証局の公開鍵を使ってディジタル証明書が正当なものであると確認する。つまり，ブラウザが内蔵する認証局の公開鍵で署名を復号することで，サーバーから送られてきたディジタル証明書は認証局が保証しているものだとわかる。これでブラウザがWebサーバーを認証する行

どの暗号
SSLでは，公開鍵暗号，共通鍵暗号，一方向暗号のセットが好きなように選べる。しかし，Webアクセスでは公開鍵暗号にはRSA，共通鍵暗号にはRC4，一方向暗号にはMD5という組み合わせになることが多い。

単純な方法
通信相手になりすました悪意のある第三者が公開鍵と署名をいっしょに送ってくる可能性だってある。CAを介さないでディジタル署名を使うには，手渡しのように相手を確認できる方法であらかじめ公開鍵を受け取っておく必要がある。

認証局（CA）
電子証明書を発行する第三者機関のこと。米ベリサインなどが有名。

公開鍵など
ディジタル証明書の書式には標準規格がある。よく使われるのはITU-T（国際電気通信連合の電気通信標準化部門）が定めたX.509である。

認証局のディジタル署名
ディジタル署名は，サーバー公開鍵の元データではなく，そのハッシュ値を秘密鍵で暗号化して作る。ハッシュ値が元データの要約であるのを利用して，公開鍵暗号で暗号化するデータ量を減らすのが目的である。

程は完了だ。
　一方，Webサーバーがブラウザを認証する逆の行程は省略されるのが一般的だ。サーバー側はユーザーのクレジットカードなどから決済さえできればよいからである。

鍵ではなく鍵の基を送る

　次は鍵交換のプロセスになる。ここでブラウザは「プレマスター・シークレット」と呼ばれるランダムなビット列（p.48の別掲参照）を作り，サーバーの公開鍵で暗号化して送る。公開鍵は受け取ったディジタル証明書に含まれている。
　通信データを暗号化する共通鍵暗号の鍵🖉（セッション鍵）とMACで使うMAC鍵は，こうやってやりとりしたプレマスター・シークレットから作成するしくみになっている🖉。こうすることで，万一，鍵交換のやりとりが解読されても，暗号鍵が第三者に直接バレる事態が防げる。安全には念を押す実装になっているわけだ。
　これで必要な鍵はすべてそろったので，いよいよ通信データを暗号化する。最初に決めた共通鍵暗号方式を使い，プレマスター・シークレットから作った暗号鍵でデータを暗号化して送る。
　また，データの完全性を守るために，送信時には暗号化する前のデータからMACを生成する。したがって，実際にはデータとMACがいっしょになって共通鍵暗号で暗号化される。

◇　　　◇　　　◇　　　◇　　　◇　　　◇

　このように，SSLの処理を追うことで三つの暗号の役割分担が具体的に見えてきただろう。ここでの役割分担は，IPsec🖉やメールを暗号化するPGP🖉などでもほぼ同じ。つまり，SSLのしくみがわかれば，ほかの暗号通信のしくみも簡単に理解できるはずだ。

共通鍵暗号の鍵
一連の通信（セッション）だけで使う鍵なのでセッション鍵と呼ばれる。次のセッションではまた新しいセッション鍵を作って使う。

しくみになっている
正確には最初に暗号方式を決めるやりとりをするときに交換していたサーバー・ランダムとクライアント・ランダムというビット列も組み合わせて鍵を生成する。また，初期化ベクトル（IV）も同時に作ることがある。

IPsec
通信パケットを暗号化する技術。これを利用してVPNなどが実現できる。

PGP
pretty good privacyの略。電子メールのデータを暗号化したり，ディジタル署名を付加する技術。

●図1-18　SSLでは三つの暗号技術をどのように使っているか

SSLは最も普及しているハイブリッド暗号技術だ。ここではSSLで三つの暗号技術がどのように使われているか図示した。

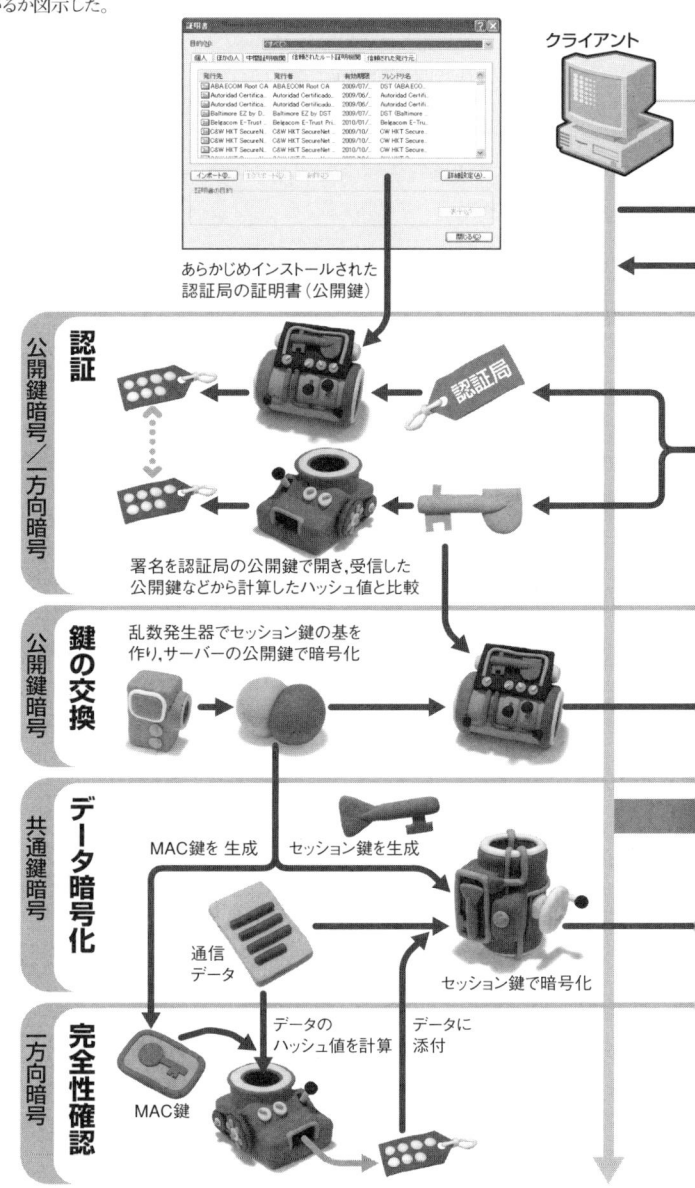

あらかじめインストールされた認証局の証明書（公開鍵）

認証　公開鍵暗号／一方向暗号

署名を認証局の公開鍵で開き、受信した公開鍵などから計算したハッシュ値と比較

鍵の交換　公開鍵暗号

乱数発生器でセッション鍵の基を作り、サーバーの公開鍵で暗号化

データ暗号化　共通鍵暗号

MAC鍵を生成　セッション鍵を生成

通信データ

セッション鍵で暗号化

完全性確認　一方向暗号

MAC鍵

データのハッシュ値を計算

データに添付

クライアント

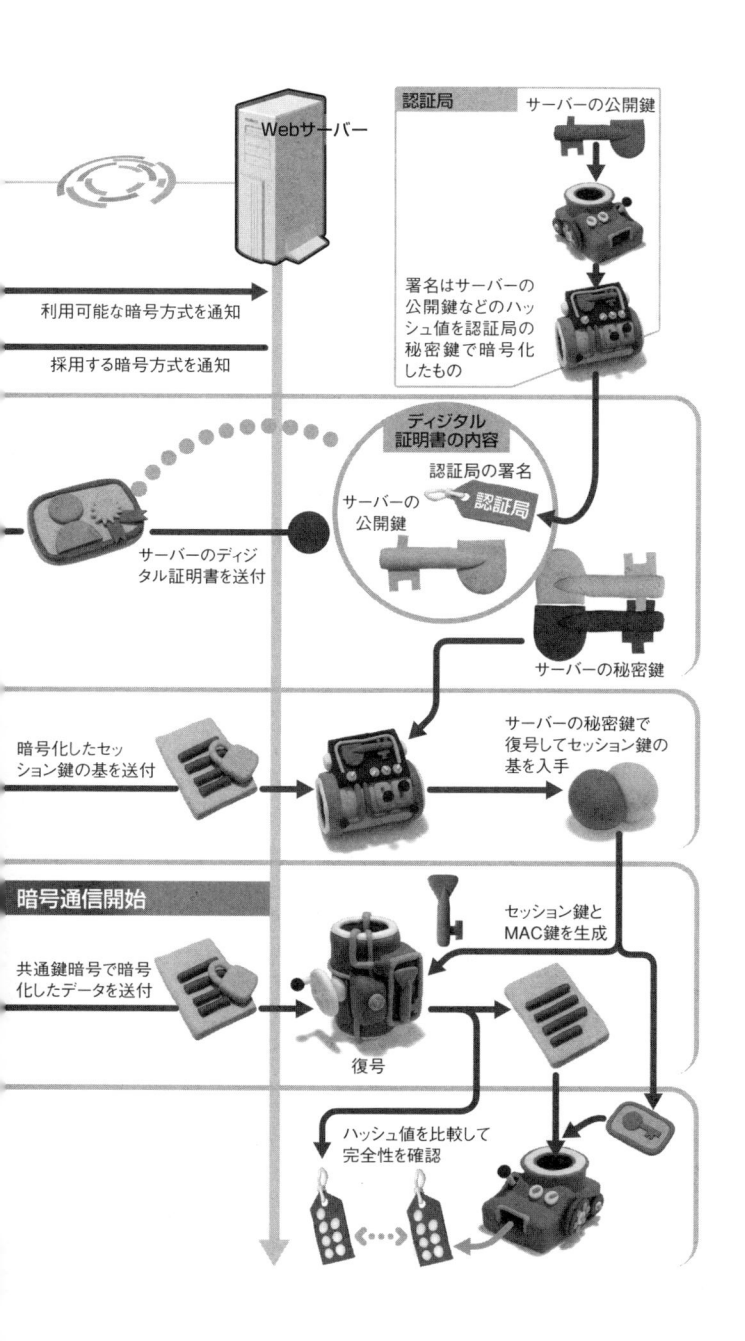

Part 1　暗号通信の基本

Webサーバー

利用可能な暗号方式を通知
採用する暗号方式を通知

認証局
サーバーの公開鍵

署名はサーバーの公開鍵などのハッシュ値を認証局の秘密鍵で暗号化したもの

サーバーのディジタル証明書を送付

ディジタル証明書の内容
認証局の署名
サーバーの公開鍵
認証局

サーバーの秘密鍵

暗号化したセッション鍵の基を送付

サーバーの秘密鍵で復号してセッション鍵の基を入手

暗号通信開始

共通鍵暗号で暗号化したデータを送付

セッション鍵とMAC鍵を生成

復号

ハッシュ値を比較して完全性を確認

47

鍵の基の乱数を
どうやって作るか

　ハイブリッド方式の暗号通信を実装するときに問題になるのは，実際の通信を暗号化する鍵（セッション鍵）をどうやって作るかである。

鍵は乱数から作るのがベスト

　セッション鍵は通信の機密を守る根幹である。これがバレてしまっては元も子もない。鍵は外部の第三者から推測されたり，予測されてはならない。辞書に出てくる言葉が交じるなんてもってのほか。あっという間に破られてしまう。

　こうした理由でハイブリッド通信の多くはセッション鍵をユーザー任せにせず，プログラムが自動的に作り出すようになっている。ユーザー任せにするとパスワードのような文字列になりがちだからだ。きちんと作られた暗号通信技術ほど，作り出すプロセスに工夫がある。

　セッション鍵を作るために乱数発生器を使うのは基本中の基本である。ただ，ここで問題がある。乱数発生器といっても，しょせんはプログラムの一種。投入する「タネ」次第で，出てくる乱数の質に差が出てくる。

　例えば，Netscape Navigator 1.1に搭載されたSSLv2では時刻の情報をタネにして乱数を作っていた。これは史上最悪の実装の一つで，たった1時間の計算で破ることができた。

自然現象から乱数を取り出す

　最も安全なのは，自然現象から取り出した「真の乱数」を使うことだ。

　UNIXの多くは「/dev/random」という関数を持っている。キーボードやマウスを動かすと発生する「割り込み処理」の間隔から乱数を作り出す機能だ。温度の変化や電気雑音から乱数を作る機能を搭載しているプロセッサもある。

　キーボードを打つ間隔は同じ人でも毎回微妙に違うし，温度変化や雑音は予測できないから，かなり良質な乱数が得られる。

Part2
暗号技術の中身

共通鍵暗号，公開鍵暗号，一方向暗号の3大暗号技術の中身をきちんと押さえ，実際の暗号アプリケーションがどのように使いこなしているかを明確にする。Part1の解説と合わせて熟読すれば，暗号技術のすべてが理解できる。

2-1 5大要素　共通鍵, 公開鍵, 電子署名, ハッシュ, 強度を押さえる ……………p.50
　　コラム：こんなところにも暗号が！？ ………………………………………………p.52
　　コラム：絶対に解けない暗号はあるか ………………………………………………p.53
　　コラム：暗号開発者の腕の見せ所は？ ………………………………………………p.56
　　コラム：「暗号を破る」とは？ …………………………………………………………p.59

2-2 アルゴリズム　DESとRSAの中身を見てみよう ………………………………p.65

2-3 実践　実際のアプリケーションで暗号を使ってみよう ………………………p.71
　　コラム：輸出規制ではミサイルと同じ扱い …………………………………………p.77

2-1 5大要素
共通鍵, 公開鍵, 電子署名, ハッシュ, 強度を押さえる

　ネットワークの世界では，さまざまな場面で暗号が利用されている。例えば携帯電話やPHS。通信事業者は端末が契約済みであるかどうかを確認するために暗号技術を使っている。

　Webブラウザも暗号ソフトを組み込んでいる。Webサイトとの間でデータを暗号化して送受信するためだ。

　2001年4月には，暗号技術を使って電子データに法的な根拠を持たせる制度「電子署名法」も始まっている。大切なデータをネットワークでやりとりするとき，暗号技術はなくてはならないものとなっている。

　ただし，ネットワークで使われている暗号技術の構成はそれほど複雑ではない。構成要素は，共通鍵暗号，公開鍵暗号，ハッシュ関数の三つだけ☞（図2-1）。これさえ押さえれば，暗号の基本はかんぺきだ。まずは，この三つの基本技術から説明しよう。

一つの鍵で秘密を守る共通鍵暗号

　共通鍵暗号のしくみは単純だ。暗号の手順は3ステップで進む。①加工するルール（暗号アルゴリズム）を決め，②そのルールの下で条件を設定（鍵の生成）し，③ルールと条件に基づいてデータを暗号化する——という手順である。特徴は，暗号

☞三つだけ
実際には，コンピュータ上でいかに本物の乱数を作り出すかという「乱数の生成」もコンピュータで使う暗号を考えるうえで大きな要素になる。

●図2-1　暗号技術を構成する三つの要素

a.共通鍵暗号　データの秘匿に使う

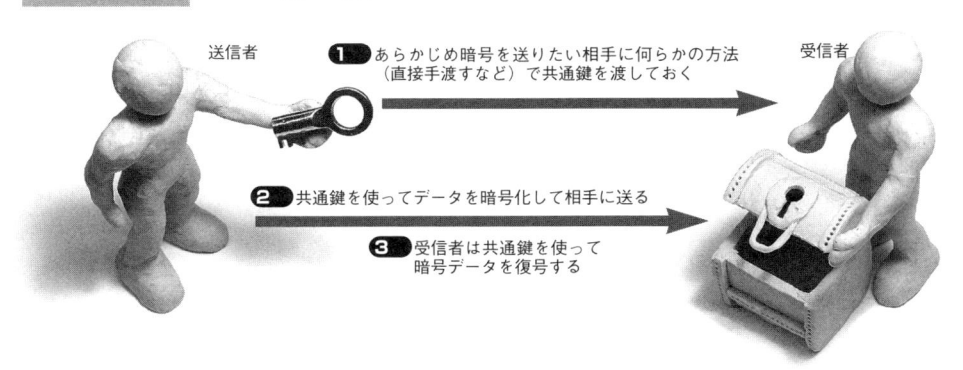

送信者　受信者

① あらかじめ暗号を送りたい相手に何らかの方法（直接手渡すなど）で共通鍵を渡しておく

② 共通鍵を使ってデータを暗号化して相手に送る

③ 受信者は共通鍵を使って暗号データを復号する

b.公開鍵暗号　データの秘匿と電子署名に使う

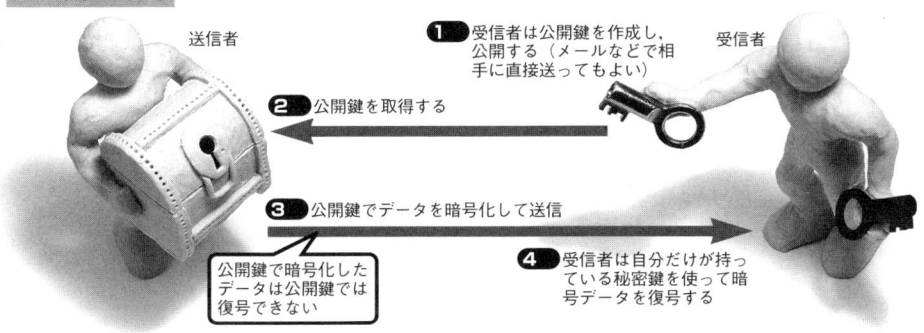

送信者　受信者

① 受信者は公開鍵を作成し、公開する（メールなどで相手に直接送ってもよい）

② 公開鍵を取得する

③ 公開鍵でデータを暗号化して送信

公開鍵で暗号化したデータは公開鍵では復号できない

④ 受信者は自分だけが持っている秘密鍵を使って暗号データを復号する

c.ハッシュ関数

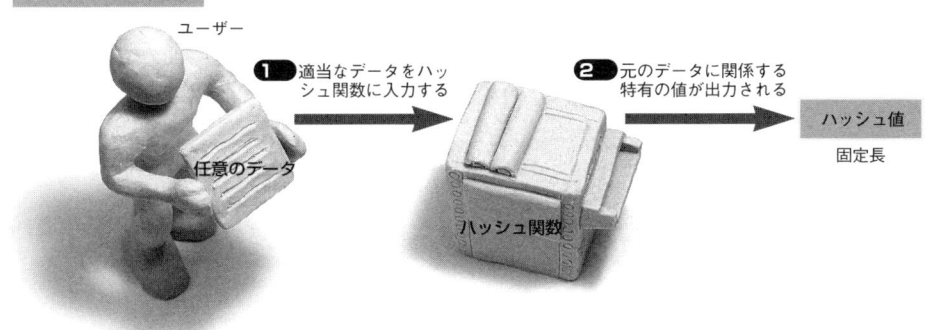

ユーザー

① 適当なデータをハッシュ関数に入力する

② 元のデータに関係する特有の値が出力される

任意のデータ　ハッシュ関数　ハッシュ値　固定長

文を元に戻す（復号する）場合も同じ鍵を使うこと。送信側と受信側が同じ鍵を使うから「共通鍵暗号」と呼ぶ。

共通鍵暗号方式の特徴は，暗号化および復号にかかる時間が短いこと。共通鍵暗号では，暗号化処理の過程で文字の入れ替えやデータを足し合わせる操作を何度も繰り返す。コンピュータはこうした演算がお手のものなので，高速に処理できる。

ちなみに次に説明する公開鍵暗号は，共通鍵暗号よりも大幅に処理速度が遅い。このため，即座にデータを復号したい用途で暗号通信する場合は，もっぱら共通鍵暗号が使われている。

共通鍵暗号の方式はさまざまだ。大手コンピュータ・メーカーはたいてい独自の暗号方式を開発し，製品化している。ただ，複数のベンダーに採用されている共通鍵暗号は限られている。米国標準であるDES やAES，NTTが開発したFEAL，世界中で使われている暗号ソフトPGPが採用したIDEAなどである。

受信者も同じ共通鍵を持つ

共通鍵暗号の使い方を具体的に見ていこう。自分のパソコンのファイルを暗号化する場合は，自分で決めた共通鍵を使ってファイルを暗号化し，この共通鍵を秘密にする。

知人に暗号文を送る場合は，相手に共通鍵を送り届ける必要がある。「データを安全に渡すためには，鍵を秘密裏に渡さ

DES
data encryption standardの略。70年代初めに米IBMが開発し，77年に米国の標準暗号として採用された。56ビット長の鍵を用いる。共通鍵暗号を用いる暗号ソフト/暗号装置の大半はDESをサポートしている。

AES
2002年5月に米国政府が新しい標準暗号として採用した共通鍵暗号。

FEAL
fast data encipherment algorithmの略。NTTが87年に開発した。国産の暗号としては最も多くの暗号製品に採用されている。128ビット長の鍵を用いるFEAL-NXと64ビット長の鍵を用いるFEAL-Nがある。

IDEA
international data encryption algorithmの略。スイスの暗号学者James L. MasseyとXuejia Laiが92年に発表した。128ビット長の鍵を用いる。暗号ソフトのPGPが採用したことで一躍有名になった。

こんなところにも暗号が!?

携帯電話やPHS，Webアクセスのほかにも，さまざまなところで暗号技術は使われている。例えば，有料の衛星放送。アンテナさえ設置すればだれでも電波を受信できるため，映像に暗号処理を施して契約者以外は見られないようにしている。無線LANも暗号通信機能を持っている。

なければならない」——。少々矛盾しているようだが、共通鍵暗号ではこの作業を避けることができない。

最も確実な方法は、相手に直接会って共通鍵を教えること。では直接会えないときはどうするか。次に紹介する公開鍵暗号の出番となる。

暗号の常識を変えた公開鍵暗号

先に述べた共通鍵暗号には、二つの問題がある。一つは、暗号を使う前にどうやって相手に共通鍵を渡すかという「鍵の配送」の問題。もう一つは「鍵の管理」だ。

複数の相手と同じ共通鍵で通信すると、ある暗号データが別の通信相手に漏れたとたんに内容が解読されてしまう。これを防ぐには通信する相手ごとに鍵を作り、それを適切に管理・運用しなければならない。

この二つの問題を解決する画期的な暗号方式が、1970年代後半に発見された。公開鍵暗号☛である。

暗号と復号の鍵が違う

公開鍵暗号で暗号文をやりとりする手順を見てみよう（p.54の図2-2a）。公開鍵暗号は、共通鍵暗号とは異なり、鍵が二

絶対に解けない暗号はあるか

解けない暗号は存在する。「使い捨てパッド」や「バーナム暗号」と呼ばれる暗号方式がそれ。こうした暗号は完全暗号と呼ばれる。

しくみを説明しよう。まず暗号をやりとりする両者が、同じ乱数を書き込んだメモ帳を用意する。送信者はこのメモ帳に書き込んである乱数を使って暗号文を作る。乱数は使い捨てとし、再びデータを送るときは次のページに書かれている新しい乱数で暗号化する。周期性のない「真の」乱数を使っていれば見破られる可能性はない。

公開鍵暗号
代表的な公開鍵暗号としては、1976年にスタンフォード大学のWhitfield DiffieとMartin Hellmanによって発表された世界初の公開鍵暗号方式「Diffie-Hell man暗号」や1977年にマサチューセッツ工科大学（MIT）のRonald Rivest, Adi Shamir, Leonard Adlemanによって開発された「RSA暗号」などがある。

つある。自分だけが知っている「秘密鍵」と相手に教える「公開鍵」である。そしてこれらの鍵は「どちらの鍵でも暗号化できるが，暗号化に使った鍵では決して復号できない」という摩訶不思議な性質✐を持っている。公開鍵は誰に知られてもかまわないので，秘密裏に鍵を配送する必要はない。暗号文を送るときは，通信相手に相手の公開鍵を堂々と送ってもらい，それで暗号化すればよい。

鍵管理も容易になる。送信相手の数だけ公開鍵を入手する必要はあるが，それらは秘密にしなくてよい。

相手に暗号文を送ってもらうときは，自分の公開鍵で暗号化してもらう。自分の秘密鍵が盗まれない限り，公開鍵で暗号

摩訶不思議な性質
公開鍵暗号の原理は「2-2 アルゴリズム」で解説する。

●図2-2　公開鍵暗号の用途は大きく二つある

a.公開鍵を使って本人に暗号データを送る

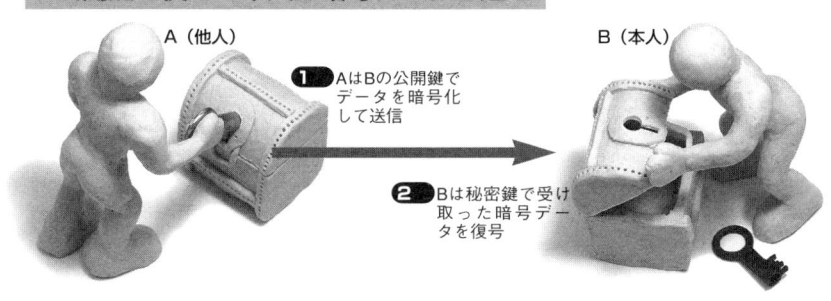

A（他人）　　　　　　　　　　　　　　B（本人）

❶ AはBの公開鍵でデータを暗号化して送信

❷ Bは秘密鍵で受け取った暗号データを復号

b.秘密鍵を使って本人であることを証明する（電子署名）

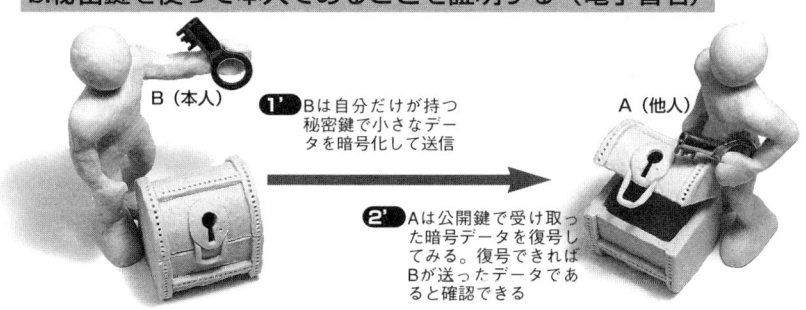

B（本人）　　　　　　　　　　　　　　A（他人）

❶' Bは自分だけが持つ秘密鍵で小さなデータを暗号化して送信

❷' Aは公開鍵で受け取った暗号データを復号してみる。復号できればBが送ったデータであると確認できる

化されたデータは解読されない。だれと通信するときでも，盗まれないように管理しなければならないのは，自分の秘密鍵だけである。

ディジタルのハンコや指紋になる

ここまで公開鍵暗号をデータの暗号化すなわち「情報の秘匿」という視点で説明してきた。ただし，公開鍵暗号の用途はそれだけではない。電子署名（ディジタル署名）の用途で活用されていることもある（図2-2b）。

電子署名とは，データを作成したのが自分であるということを証明する技術。具体的には，データを送るときに，そのデータを自分の秘密鍵で暗号化して送る。受信者は，送信者の公開鍵を使って暗号データを復号してみる。もし，復号できるなら，そのデータはその公開鍵とペアになっている秘密鍵の持ち主から送られたものであると断定できる。

このように公開鍵暗号は，形も色もないディジタル・データに対して，間違いなく本人のものであるという「電子的な印鑑」として使える。

否認防止にも使える

電子署名を使う場面は，データの持ち主が本物であるかどうかを判断する「なりすましの防止」のほかにもある。それは，ある人がそのデータを確かに送ったことを受け取り側が証明するときだ。つまり「否認防止」である。インターネットで物品を販売している企業なら，購入者から「そんな買い物はしていない」というクレームが来たときの反論の証拠にできる。

もっとも，電子署名で保証できるのは，公開鍵に対応する秘密鍵を持っていることだけ。A'がAという人になりすまして公開鍵をBに通知したとしよう。ここでBが，受け取った公開鍵

がAのものであると信用してしまったら，A'はAのなりすましに成功したことになる。

こうしたなりすましを防ぐ方法としては，その公開鍵の持ち主がだれであるかを証明する「電子証明書」を使う方法がある。電子証明書があれば，受信側が電子証明書を見ることで送信主を調べられる。

電子証明書の中身や，電子署名のしくみと手順は，「2-3 実践」でもう一度説明する。

改ざん防止に威力を発揮するハッシュ関数

「ハッシュ関数」という何とも耳慣れない言葉，これが暗号技術を知るために必要な第3の要素である。

ハッシュ関数とは，一言でいえば元のデータから固定長のデータ（ハッシュ値）を作り出す特別な関数のこと（図2-3）。圧縮されたデータは，元のデータ（メッセージ）の特徴を要約したものになるという意味で，メッセージ・ダイジェスト（要約）関数とも呼ぶ。

ハッシュ関数は，データの改ざんを見つける場面で用いられ

暗号開発者の腕の見せ所は？

強い共通鍵暗号の条件は，総当たり法以外の解読法が総当たり法より有効でないことが証明されていることと，鍵長が長いことである。ただし，これは暗号開発の基本条件にすぎない。

DESより強い共通鍵暗号「Misty」を開発した三菱電機の松井充氏によれば，演算速度が速いことや製品への実装が容易であることが重要であるという。また，素因数分解以外の解読方法がないことを証明した公開鍵暗号「EPOC」の開発者であるNTTの岡本龍明氏によれば，低消費電力で済むことも重要なポイントとなるという。これらの条件を満たし，安全性とのバランスをどうとるかに，暗号開発者は頭を悩ませているのである。

ることが多い。具体的には，送信前と送信後のデータのハッシュ値を見比べ，それらの値が同じであればデータは改ざんされていないと判断する。これは，「二つのデータをハッシュ関数に入力した結果が同じハッシュ値になる確率はとても低い🖉」というハッシュ関数の特徴に裏付けられている。

例えば，長い文章中で「1000円」と書かれている部分が

> **確率はとても低い**
> もちろん，これはハッシュ関数の作り方に大きく依存する。例えばMD4というハッシュ関数は，数字の部分だけを変えた二つの文章が同じハッシュ値を返すことが明らかになり，有効性が破られてしまった。

●図2-3　ハッシュ関数とは

一方向関数という特別な関数を使って元のデータから固定長のデータを作り出す。あるハッシュ値に対応する元のデータは無数にあるので，元に戻すことはできない。ハッシュ関数は正確には暗号といえないが，広い意味では暗号として扱われている。

元の文章を少しでも変えると，まったく異なるハッシュ値になる

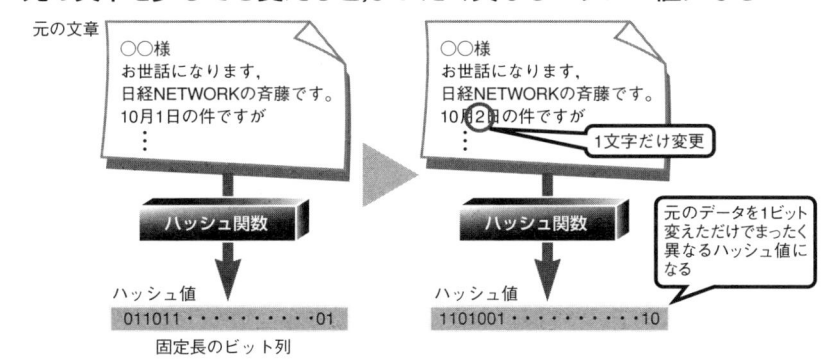

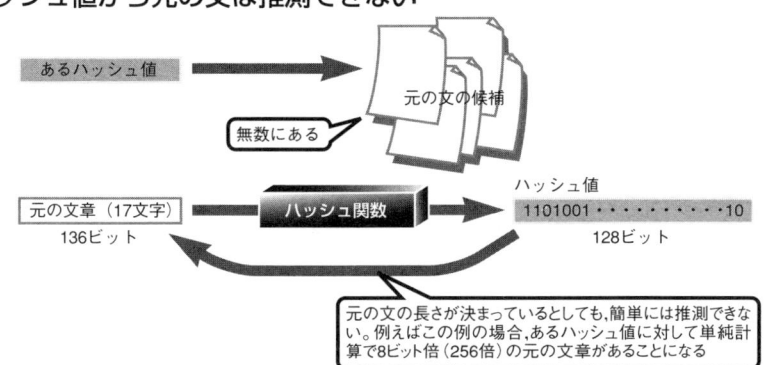

元の文章
○○様
お世話になります，
日経NETWORKの斉藤です。
10月1日の件ですが
　：

○○様
お世話になります，
日経NETWORKの斉藤です。
10月2日の件ですが
　：

1文字だけ変更

ハッシュ関数 → ハッシュ値 011011・・・・・・・・01
固定長のビット列

ハッシュ関数 → ハッシュ値 1101001・・・・・・・10

元のデータを1ビット変えただけでまったく異なるハッシュ値になる

ハッシュ値から元の文は推測できない

あるハッシュ値 → 元の文の候補
無数にある

元の文章（17文字）
136ビット

ハッシュ関数 → ハッシュ値 1101001・・・・・・・10
128ビット

元の文の長さが決まっているとしても，簡単には推測できない。例えばこの例の場合，あるハッシュ値に対して単純計算で8ビット倍（256倍）の元の文章があることになる

「2000円」と改ざんされたとする。変更は1文字だけだが，改ざん前の文章から作ったハッシュ値と改ざん後の文章から作ったハッシュ値はまったく別のものとなる。こうしたことから，データとそのハッシュ値を暗号化したものを送れば，受信側はそのデータが改ざんされていないかを検証できる☞。受け取ったデータのハッシュ値を計算し，それを送られてきたハッシュ値とつき合わせればよい。

ハッシュ値から元データは作れない

　ハッシュ関数にはもう一つ特徴がある。元のデータからハッシュ値は簡単に求められるが，ハッシュ値から元のデータは求められないことだ。どんな長さのデータも短い固定長のデータに圧縮されてしまうため，同じハッシュ値を持つデータは無数に存在するからである。

　この特徴を使う用途としてはユーザー認証がある。例えばパスワードの代わりにパスワードを元に生成したハッシュ値を送る。仮に盗聴されてハッシュ値が盗まれても，それを基にパスワードを見つけることはまず不可能。こうすることで，悪意のある第三者にパスワードが盗まれる危険性を限りなく小さくできる。

　代表的なハッシュ関数としては，RSA公開鍵暗号を開発したロン・リベスト（Ronald Rivest）氏によって開発されたMD5☞がある。これは，元の文章から128ビットのハッシュ値を作り出す。ほかには米国のNIST（国家標準技術研究所）が提案したSHA-1☞などがある。

暗号強度はコンピュータの処理時間で測る

　暗号で気になるのは，その「強さ」。セキュリティが気になるインターネット・バンキングのWebページには，「128ビットの鍵を使っているので信頼性は万全です」と書かれていたりす

検証できる
ただし，検証できるのは文書が改ざんされたという事実だけ。どこがどのように改ざんされたかまではわからない。

MD5
RSA暗号開発者のRonald Rivestらが開発したハッシュ関数。128ビットのハッシュ値を作る。アルゴリズムは92年に公開済み（RFC1321）。なお，最近のLinuxではパスワードの暗号化で使っている。

SHA-1
secure hash algorithmの略。95年に米国政府の標準ハッシュ関数として採用された。元のメッセージから160ビットのハッシュ値を作り出す。多くの暗号製品がデータの改ざん検出のために使っている。

る。鍵の長さだけで暗号の強度を判断できるのだろうか。暗号の解読方法を見てみよう。

共通鍵と公開鍵で解読法は違う

　暗号の解読については，共通鍵暗号と公開鍵暗号で大きく異なる。まずは共通鍵暗号からみていこう（pp.60-61の図2-4）。

　共通鍵暗号の解読方法の基本は，「コンピュータを用いていかに効率よく鍵を探索できるか」にある。つまり，すべての鍵を片っ端から調べる「総当たり法」を基準として考える。

　総当たり法以外の手法として代表的な解読法には，差分解読法と線形解読法がある。ただし，差分解読法や線形解読法はDESに対しては有効であることが確かめられているが，ほかの共通鍵暗号でも成り立つとは限らない。

　暗号開発者は既知の解読法をすべてクリアし，総当たり法

「暗号を破る」とは？

　一口に暗号を破るといっても，さまざまな意味がある。最もわかりやすいのは，総当たり法を用いて暗号鍵を見つけるか，暗号文から平文を見つけるというもの。99年初めに米RSAセキュリティが開催した暗号解読コンテスト「DESチャレンジⅢ」では，この方法によって22時間で終了した。全体の約22％の鍵を調べ終わったときに暗号鍵が見つかったのである。破ったDESの暗号鍵は56ビットである。

　しかし，暗号解読の世界では，差分解読法や線形解読法のように，総当たり法よりも効率的な解読法を見つけることも暗号を破るという意味で使われる。このケースでは，実際に暗号を破らなくても数学的に証明できればよい。事実，差分解読法は，理論が見つかった当時，本物のDESを破ってみせたわけではない。そのあと発見された線形解読法が初めて実際にDESを破ったのである。

　なお，暗号研究者の世界では，平文と暗号文の間でたった1ビットの対応関係がわかっただけで破ったことになるという。われわれがイメージしている暗号解読とは相当かけ離れた世界なのである。

● 図2-4　共通鍵暗号を解読する

「抜け道」がない限り，地道に解読するしかない。そのための方法は大きく3種類ある。

● **総当たり法**　　すべての可能性を試す,原始的だが確実な方法

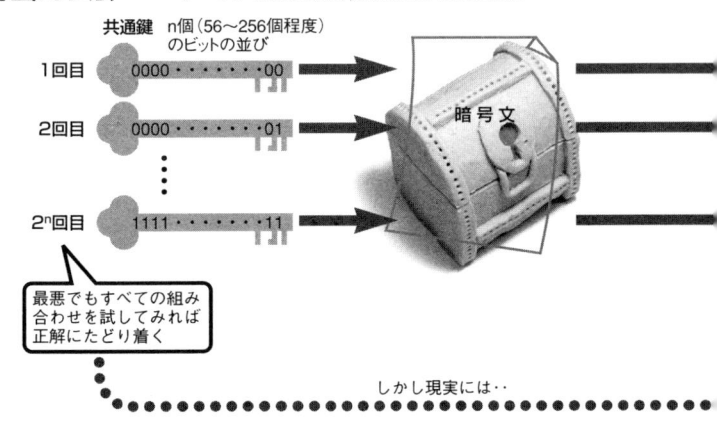

共通鍵　n個（56〜256個程度）のビットの並び

1回目　0000・・・・00

2回目　0000・・・・01

2^n回目　1111・・・・11

最悪でもすべての組み合わせを試してみれば正解にたどり着く

しかし現実には‥

● **選択平文法**　　攻撃者が自分の都合のいい条件を指定して，それを基に解読を試みる

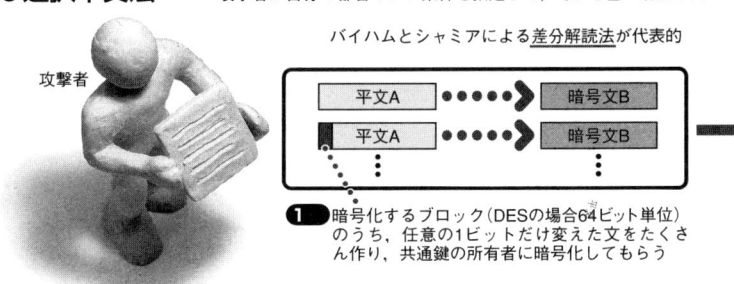

攻撃者

バイハムとシャミアによる差分解読法が代表的

平文A ●●●●▶ 暗号文B
平文A ●●●●▶ 暗号文B

❶ 暗号化するブロック（DESの場合64ビット単位）のうち，任意の1ビットだけ変えた文をたくさん作り，共通鍵の所有者に暗号化してもらう

● **既知平文法**　　攻撃者がたくさんの平文―暗号文を入手してこれを基に解読を試みる

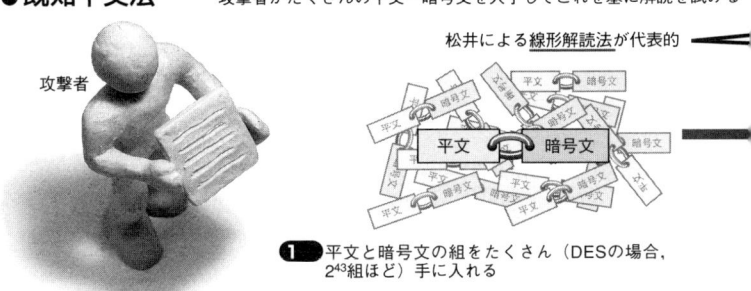

攻撃者

松井による線形解読法が代表的

平文　　暗号文

❶ 平文と暗号文の組をたくさん（DESの場合，2^{43}組ほど）手に入れる

Part 2　暗号技術の中身

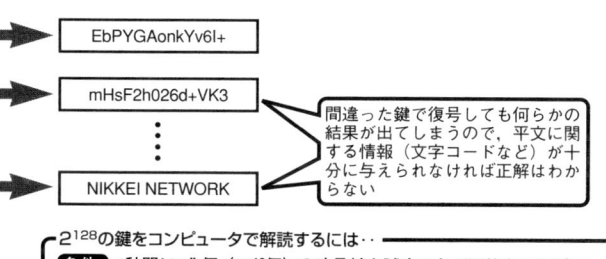

EbPYGAonkYv6I+

mHsF2h026d+VK3
⋮
NIKKEI NETWORK

間違った鍵で復号しても何らかの結果が出てしまうので，平文に関する情報（文字コードなど）が十分に与えられなければ正解はわからない

―2^{128}の鍵をコンピュータで解読するには‥
条件 1秒間に1兆個（10^{12}個）の暗号鍵を試すことが可能なコンピュータを利用する
結果 地球が滅亡しても終わらない

・2^{128}はおよそ$3×10^{38}$（340の1兆倍の1兆倍のさらに1兆倍）個の鍵の候補がある
1年の秒数は60（秒）×60（分）×24（時間）×365（日）＝31536000≒$3×10^{7}$（秒）なので，このコンピュータですべての鍵を探索するには10^{19}年ほどかかる。この数は，地球の寿命を100億年（10^{10}年）程度と考えると地球誕生から滅亡までひたすら計算しても全体の1パーセントさえ探索できない計算だ
・一方，同じ条件で56ビット（DES）なら数秒～数分程度で解けてしまう

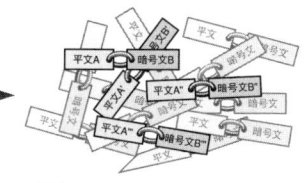

② 出力された暗号文がどう変化したかを手がかりにして鍵を推測する

世界で初めて総当り法以外で実際にDESを破り，世界中に衝撃を与えた

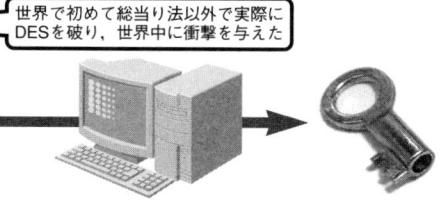

② 手に入れた平文-暗号文の組を使い，暗号鍵を未知の変数とした連立方程式を立ててコンピュータで解く

※平文：暗号化される前のデータのこと

61

よりも効率のよい解読法がないように暗号を設計する。逆に言えば，総当たり法より効率的な解読法が見つかれば，その暗号は破られたことになる。実際，DESの解読で総当たり法より効率の優れた線形解読法を考え出した三菱電機の松井充氏は，「DESを破った」研究者として世界的に有名である。

共通鍵暗号の強さは鍵の長さで決まる

　総当たり法よりも効率的な解読法がない場合，共通鍵暗号の強さは総当たり法で解読したときの時間で比べる。解読にかかる時間が長い暗号ほど強い。

　絶対的な強さは，比較的簡単に求めることができる。パラメータは2個しかない。一つは鍵の総数であり，もう一つはコンピュータが1個の鍵をチェックする時間である。鍵の総数は鍵の長さで決まる。

　1秒間に1兆個（10の12乗個）の鍵をチェックできるコンピュータがあったとしよう。このコンピュータで解読するとき，鍵の長さが40ビットなら一瞬で，56ビットでも数分で総当たりできてしまう。しかし，128ビット長の鍵✍だと，鍵の総数はおよそ3×10の38乗個。解読するまでにかかる期間は大ざ

128ビット長の鍵
128ビット長の鍵が使える共通鍵暗号としては，FEAL-NX，IDEAのほか，三菱電機が開発したMisty，米RSAセキュリティが開発したRC4などがある。なお，DESは56ビットの鍵しか使えないが，「ある鍵で暗号化-異なる鍵で復号-最初の鍵で暗号化」というように二つの鍵でDESを3回実行するトリプルDES（3DES）という手法を使うことで実効鍵長を112ビットにできる。

●表2-1　ネットワークで利用する暗号

用途，目的	代表的なプロトコル
メールを暗号化して送りたい	S/MIME (secure/multipurpose internet mail extensions)
安全にWebアクセスしたい	SSL (secure sockets layer)
IPパケットそのものを暗号化したい	IPsec (IP security protocol)
ダイヤルアップ接続時にパスワードを暗号化して送りたい	CHAP (challenge handshake authentication protocol

っぱに10^{19}年ほどとなる。インターネット・バンキングのデータを盗聴されても，解読される心配はなさそうだ。

公開鍵暗号は数学的難しさに依存

公開鍵暗号の解読はどうだろう。こちらの場合ももちろん鍵の総当たり法は使える。しかし，公開鍵暗号で使う鍵は通常512ビットや1024ビットといった長さである。鍵の総当たりで正解を見つけるには，共通鍵暗号のときよりさらに困難であり，とても現実的ではない。

したがって，公開鍵暗号の解読は別の方法で議論されている。それは，「公開鍵暗号が依存している数学的な難しさを打ち破れないか」というもの。公開鍵暗号は素因数分解や離散対数問題を解くのが難しいという事実の上に成り立っている。つまり，これらを簡単に解く方法が見つかれば暗号の解読時間を劇的に短縮できる。

今のところ，公開鍵暗号の安全性を揺るがすほど劇的に計算時間を短縮する方法は見つかっていない。ただし，あくまでも「今のところ安全である」というだけで，将来まで安全かどうかはわからない。

概要，利用する暗号技術など
電子証明書を利用して，暗号メールをやりとりするためのプロトコル。公開鍵暗号（RSAなど）や共通鍵暗号（RC2など），ハッシュ関数（MD5など）を組み合わせて電子メールの暗号化や署名に使う
TCPプロトコルの上で動作する暗号プロトコル。Webアクセス（HTTP）やFTP，Telnetなどの通信を暗号化できる。共通鍵暗号としてRC4やDESなどが使える。この共通鍵をサーバーとクライアントの間で交換するために公開鍵暗号（RSA）やハッシュ関数（MD5，SHA-1）などを利用する
IPパケットのヘッダー部分やデータ部分（ペイロード）を暗号化する。パケットの暗号化にはDESや3DESなどの共通鍵暗号，共通鍵の交換にはDiffie-Hellmanなどの公開鍵暗号を利用する
ネットワーク上でパスワードそのものは送らずにユーザーを認証するために使う。サーバーはユーザーに乱数（チャレンジ・コード）を送信し，ユーザーはこの乱数とパスワードを基にハッシュ値（MD5）を計算して返す。両者を照合して認証する

DESとSSLの関係は？

　ここまでの説明の中で，DESやFEAL，RSA，MD5などの暗号方式が登場してきた。これらの暗号方式は，何らかのセキュリティ技術の中に組み込まれて使われている（p.62の**表2-1**）。

　例えば，Webブラウザが持つ暗号プロトコル「SSL」。このプロトコルは，DESなどの共通鍵暗号，RSAなどの公開鍵暗号，MD5などのハッシュ関数のすべてを使う。共通鍵暗号でデータを暗号化し，公開鍵暗号で相手の身元を確認し，ハッシュ関数で改ざんのチェックを実行しているのだ。

2-2 アルゴリズム
DESとRSAの中身を見てみよう

　共通鍵暗号と公開鍵暗号について，もう少し深く知りたい読者のために，一歩踏み込んでしくみを説明しよう。

　まずは共通鍵暗号のDESを見ていこう。その前に共通鍵暗号には，「ブロック暗号」と「ストリーム暗号」という大きく2種類の方式があることを知っておく必要がある。DESはブロック暗号に属している。

　ブロック暗号とは，平文を文字通りいくつかのブロックに分割し，これにさまざまな操作を加えることで暗号化する方式である。加える操作としては，①文字を別の文字に置きかえる換字処理，②文字の順序を入れ替える転置処理，③暗号鍵とのビット演算——などがある。各ブロックにこれらの操作を加え，さらにこれを何度も実行することで，平文をシャッフルし，規則性のないランダムなデータにしようというわけだ。

　一方ストリーム暗号は，元の文を先頭から順番にビット単位や文字単位で処理していく方式である。実用化されている暗号方式は少なく，代表的な暗号方式としては，カオス暗号✒がある。

DESの基本はビットの入れ替え

　DESの暗号化処理を見てみよう。DESは，平文を64ビット

カオス暗号
国際情報科学研究所（IISI）が開発した暗号方式。カオス関数という，一つの数式でほんの少しパラメータを変えただけで予測不可能な結果が出力される関数をデータの暗号化に利用する。95年10月に，1000万円という，暗号解読としては世界最高の金額を賞金にした暗号解読コンテストが開催され話題になった。結局，コンテスト終了期限である97年12月末までだれも解読に成功しなかった。

(8バイト) 単位のブロックに分割し、それぞれに暗号処理を施す◆ (図2-5)。

DESの暗号化のキモといえる処理は、主に図中のS-box (置換ボックス) と呼ぶ暗号ルーチンで行われる。このS-boxの処理によって平文は「非線形」に処理される。「線形である」というのは、暗号鍵を未知数として、変換前と変換後の結果を

暗号処理を施す
この方法はECB (electronic codebook) モードと呼ばれる処理モードの例。DESには、ECBモードよりも複雑な処理を実行する処理モードもある。

● 図2-5 代表的な共通鍵暗号「DES」の中身をのぞいてみる

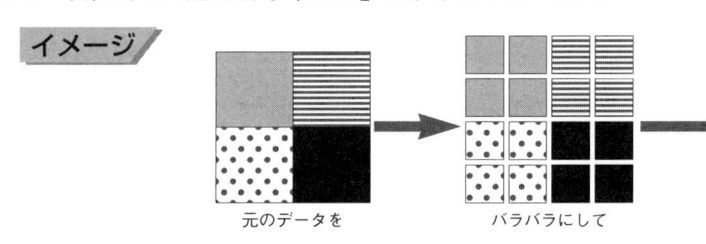

イメージ

元のデータを → バラバラにして

より詳しく見てみると‥

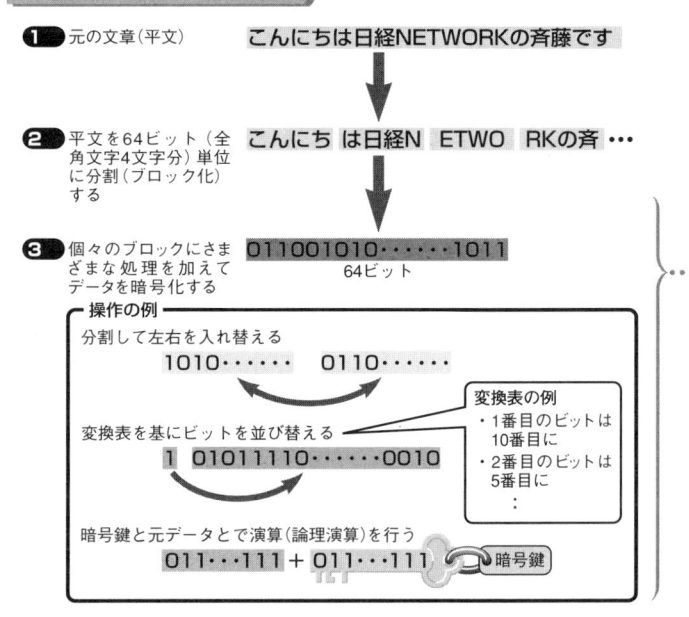

❶ 元の文章(平文)
こんにちは日経NETWORKの斉藤です

❷ 平文を64ビット(全角文字4文字分)単位に分割(ブロック化)する
こんにち は日経N ETWO RKの斉 …

❸ 個々のブロックにさまざまな処理を加えてデータを暗号化する
011001010……1011
64ビット

操作の例

分割して左右を入れ替える
1010……　　0110……

変換表を基にビットを並び替える
1 01011110……0010

変換表の例
・1番目のビットは10番目に
・2番目のビットは5番目に
　　：

暗号鍵と元データとで演算(論理演算)を行う
011…111 + 011…111　🔑暗号鍵

基に連立方程式を立てれば簡単に解けてしまうという意味である。暗号は線形であっては困る（すぐに解けてしまう）ので、非線形の結果が得られるようにしている。

　DESはこうした暗号プロセス（ラウンドと呼ぶ）を16回繰り返すことで一つのブロックの暗号化が完了する。ほかのブロックについても同様に処理して暗号文を完成させる。

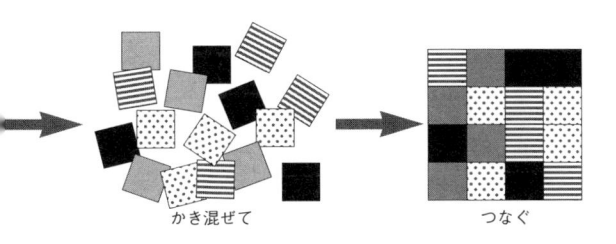

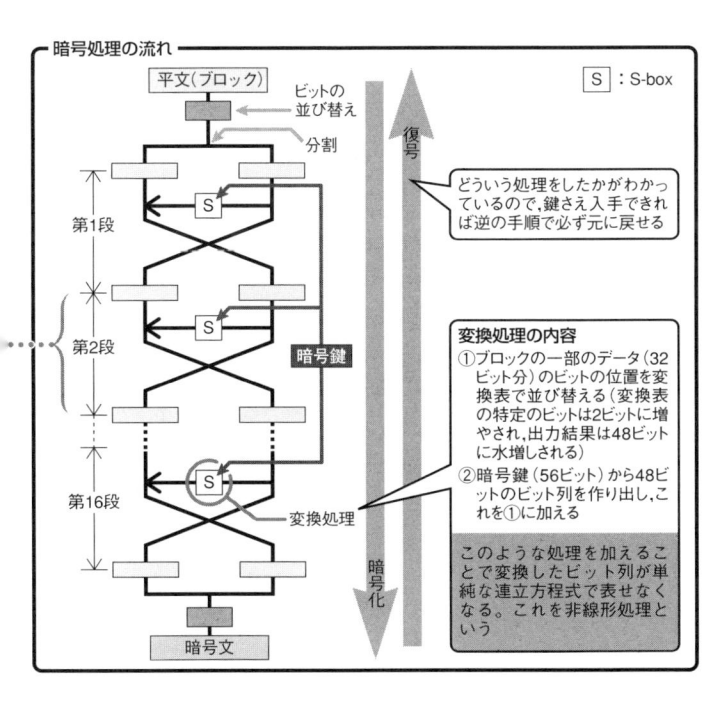

かき混ぜて 　　**つなぐ**

暗号処理の流れ

平文（ブロック）
ビットの並び替え
分割
S：S-box

第1段
第2段
…
第16段

暗号鍵
変換処理
暗号文

復号
暗号化

どういう処理をしたかがわかっているので、鍵さえ入手できれば逆の手順で必ず元に戻せる

変換処理の内容
①ブロックの一部のデータ（32ビット分）のビットの位置を変換表で並び替える（変換表の特定のビットは2ビットに増やされ、出力結果は48ビットに水増しされる）
②暗号鍵（56ビット）から48ビットのビット列を作り出し、これを①に加える

このような処理を加えることで変換したビット列が単純な連立方程式で表せなくなる。これを非線形処理という

素因数分解の難しさが強さを保証

次はRSA暗号だ。RSA暗号は「素因数分解の難しさ」で成り立っている。

図2-6に示した例で見ていこう。15を素因数分解すると3×5であることは簡単にわかるが，10873が83×131になること

● 図2-6　代表的な公開鍵暗号「RSA」の中身をのぞいてみる

イメージ

鍵（印鑑）を二つに分け，
一方を誰でも使えるようにしておく

より詳しく見てみると‥

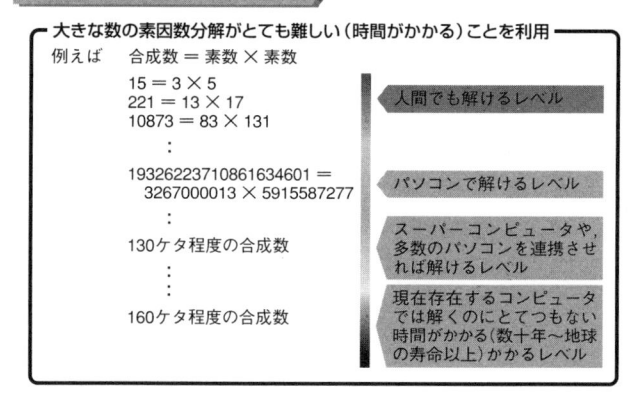

大きな数の素因数分解がとても難しい（時間がかかる）ことを利用

例えば　合成数 ＝ 素数 × 素数

15 ＝ 3 × 5
221 ＝ 13 × 17
10873 ＝ 83 × 131
　：
19326223710861634601 ＝
　3267000013 × 5915587277
　：
130ケタ程度の合成数
　：
160ケタ程度の合成数

- 人間でも解けるレベル
- パソコンで解けるレベル
- スーパーコンピュータや，多数のパソコンを連携させれば解けるレベル
- 現在存在するコンピュータでは解くのにとてつもない時間がかかる（数十年～地球の寿命以上）かかるレベル

ポイント

p，q，ψ(N)のいずれかがわかれば秘密鍵zの値は計算できる。しかし，これらが秘密になっていれば，zを計算するためには公開鍵のNを素因数分解して7×13であることを求める必要がある

を計算するにはしばらく時間がかかる。実は桁がどんどん大きくなると、人間だけでなくコンピュータでも同様に解くのが難しくなっていく。数十桁の素数を掛け合わせた130桁以上の合成数になると、普通のパソコンではもはや不可能といっていいほどだ。

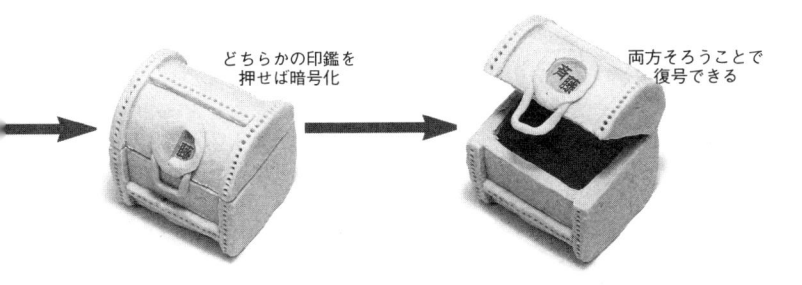

どちらかの印鑑を押せば暗号化

両方そろうことで復号できる

実例でRSA暗号の暗号化/復号の手順を見てみよう

公開鍵と秘密鍵の準備

① 二つの素数pとqを用意する
  p=7, q=13
② pとqの積(合成数)Nを求める(N=p×q=91)
③ Nより小さく、Nと約数を持たない数の個数ψ(N)を数える
  【久留島-オイラー関数ψ(N)=(p−1)(q−1)】を利用する
  ψ(N)=72
④ 任意の数 x を定める(ψ(N)とは共通の約数を持たないようにする)
  x=7
⑤ ψ(N)を「法」とする(すべての数をψ(N)で割った余りで表現する)場合のxの逆数(かけて1になる数)zを求める
  z=31 (7×31=217=72×3+1だから)

N=91とx=7が公開鍵、z=31が秘密鍵となる

暗号化と復号

① 元の文章(平文)をA=5とする
② 送信者は公開鍵(N=91、x=7)を入手して平文を暗号化し、受信者に送る
  暗号文C = A^x mod N (A^xをNで割った余り)
      = 5^7 mod 91
      = 47
③ 受信者は受け取った暗号文Cを秘密鍵zを用いて復号する
  平文A = C^z mod 91
      = 47^{31} mod 91
      = 5

ところが，逆に素数を求め，これを掛け合わせた合成数を計算するのはずっと楽である。RSA暗号はこの特性を暗号に利用している。

実際にRSA暗号を模擬体験してみよう。ここで「法」という見慣れない用語が登場するが，これは別段難しいものではない。

法とは，ある数で割った余り（mod：modulo, 剰余）を対象とする数の世界である。

例えば「5を法とする」場合を考えてみよう。0から順番に4までを5で割った余りを計算していくと，0，1，2，3，4となる。そして5になると再び0に戻る。つまり0から4までの数が循環する。

これがRSA暗号とどう関係するのだろうか。公開鍵暗号のしくみに照らして考えてみよう。

平文（ある数A）に公開鍵（ある数B）をかけると暗号文（ある数C）になる。これに秘密鍵（別の数D）をかけるとAに戻る。つまりA×B×D＝Aである。A，B，Dがすべて正の整数であるとすると，通常こんな計算は成り立たない。計算結果は，ただ増加していくだけである。

ところが，これをnを法とする世界で考えると，増加せずに元に戻る（B×D＝1となるBとDが存在する）。このしくみがうまく働いているのである。

2-3 実践
実際のアプリケーションで暗号を使ってみよう

　ここからは実践編だ。暗号を使って，データを暗号化して送信してみる。原理の理解は少々難しいが，データを暗号化する作業そのものはとても簡単だ。まだ暗号ソフトを利用した経験がないのなら，この機会に暗号通信の準備作業と基本操作をマスターしよう。

面倒なのは準備作業だけ

　暗号ソフトは，その導入と設定にいくつかの注意が必要になる。この準備作業をきちんと済ませていれば，実際の操作は対象となるデータを選んでクリックするだけといった簡単なものになる。

　最初に最も身近な暗号ソフトであるWebブラウザを使って，暗号通信の利用環境を確認する。

　具体的には，暗号通信で使われている暗号方式の種類や，通信相手の身元保証に役立つ電子証明書（ディジタル証明書）に書かれている内容を紹介する。

　次に，暗号メールを送受信するための環境設定について解説する。暗号メールの標準規格であるS/MIME（secure/multipurpose internet mail extensions）を使う方法と，暗号

ソフトの代表格であるPGP (Pretty Good Privacy) を電子メール・ソフトに組み込んで暗号通信を実現するケースを取り上げる。

Webブラウザの暗号環境を確認

我々が普段使っているInternet ExplorerやNetscape Navigatorといった Webブラウザには，あらかじめ暗号機能が組み込まれている。代表例はSSL。Web上のアンケートに答えたり，ショッピング・サイトでクレジットカード番号を入力するときなど，気づかずに暗号通信している☞ことがある。

Webブラウザはいくつもの暗号モジュールを持っている。Netscape Navigatorの場合，ツール・バーの「セキュリティ」ボタン☞を押すと，Webブラウザのセキュリティ情報を表示す

暗号通信している
暗号機能を使っていることは，Webブラウザ上にちゃんと表示されている。Webブラウザの最下段（ステータス・バー）に表示されている南京錠のアイコンがそれだ。

「セキュリティ」ボタン
メニューから「Communicator」→「ツール」→「セキュリティ情報」を選択するか，ブラウザ左下にある南京錠のアイコンをクリックする。

●図2-7　Webブラウザに組み込まれた暗号モジュールを表示する

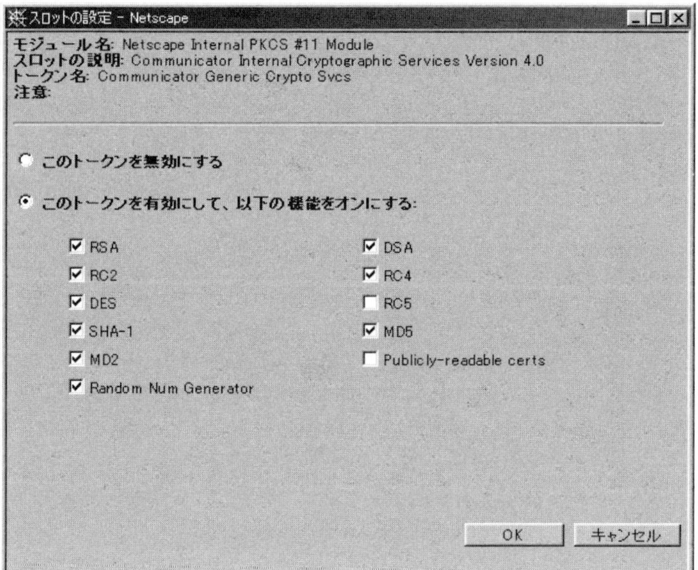

る別ウインドウが開く。ここで「暗号化モジュール」をクリックすると，組み込まれている暗号化モジュールが表示される。暗号化モジュールを選んで「表示/編集」および「設定」をクリックしていくと，どの暗号方式が使えるかわかる（図2-7）。

電子証明書で送信者の身元を証明

　Netscape Navigatorのセキュリティ情報としては，暗号化モジュールのほかに「証明書」という項目✎もある。証明書について説明しよう(図2-8)。

　証明書（ディジタル証明書あるいはディジタルIDなどとも呼ばれる）は認証局（CA：certificate authority）と呼ばれ

「証明書」という項目
Internet Explorerの場合は，メニューから「ツール」→「インターネット オプション」→「コンテンツ」を開く。

●図2-8　電子証明書を使って身元を保証する
暗号メールS/MIMEやWebサーバーとの暗号通信に使うSSLなどで利用する。

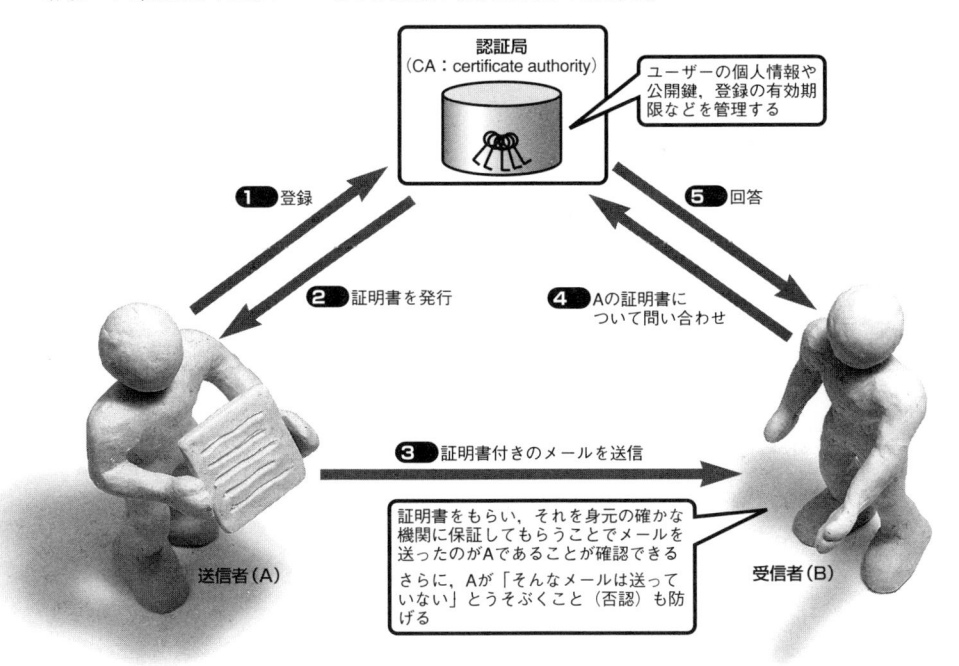

認証局
（CA：certificate authority）

ユーザーの個人情報や公開鍵，登録の有効期限などを管理する

❶ 登録
❷ 証明書を発行
❸ 証明書付きのメールを送信
❹ Aの証明書について問い合わせ
❺ 回答

送信者(A)　　　受信者(B)

証明書をもらい，それを身元の確かな機関に保証してもらうことでメールを送ったのがAであることが確認できる
さらに，Aが「そんなメールは送っていない」とうそぶくこと（否認）も防げる

る組織が発行する電子の身元証明書のことである。CAは公開鍵を管理する組織であり，公開鍵の持ち主を証明するディジタル・データを発行する。これが証明書だ。証明書の中には，公開鍵，所有者の名前，メール・アドレス，有効期限などが書かれている。

　CAのように信頼のおける機関☞に公開鍵の運用を任せるしくみをとることで，公開鍵および秘密鍵の所有者が誰であるかが担保されているわけだ。

　SSLでは，WebサーバーとWebブラウザがそれぞれ電子証明書をやりとりして，相互に自分の身元を証明できるようにしている。ここで使えるのは，ITU-T☞で標準化されたX.509というフォーマットに基づいて作成された証明書だけである（図2-9）。

体験版の証明書を利用してみる

　証明書の取得には費用がかかる。ただし，体験版の証明書を発行しているサイトもあるので，試験利用する場合はそちら

信頼のおける機関
CAを運用する認証機関には，米ベリサインなどの企業がある。こうした企業ならきちんと証明書を発行していると信じられるだろうという意味での「信頼」である。

ITU-T
International Telecommunication Union Telecommunication Standardization Sectorの略。国際電気通信連合の電気通信標準化部門。

●図2-9　電子証明書をのぞいてみる

Internet Explorerに組み込まれた証明書を表示させたところ。X.509で規定する仕様通り作成されているのがわかる。

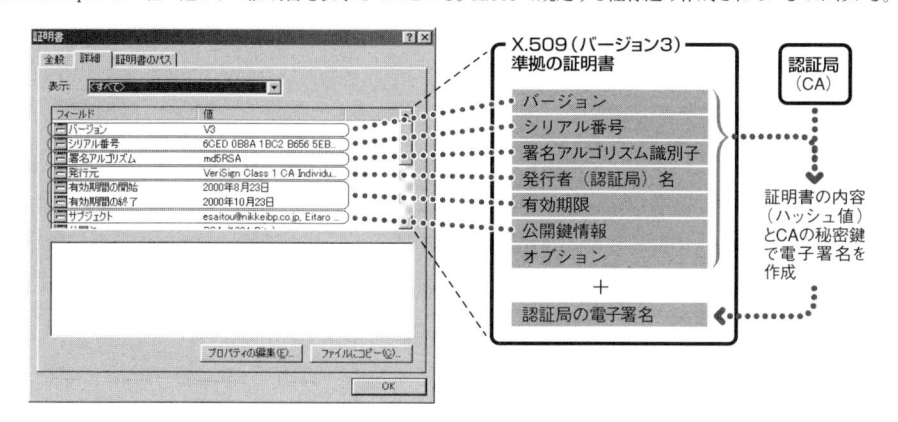

を利用するのがいいだろう。例えば米ベリサインのWebサイト（http://www.verisign.com/client/index.html）では、60日間無償で利用できる体験版のディジタルID（証明書）を発行している。

取得作業は簡単だ。Webサイトにアクセスし、名前やメール・アドレスなどの登録情報を入力するだけ。登録が完了すると、証明書を取得するためのWebページのアドレスがメールで送られてくる。指定されたWebページにアクセスしてパスワードを入力すれば、証明書と秘密鍵を自分のブラウザに取り込める。

なお、この証明書はSSLなどのWebアクセス専用というわけではない。ほかの公開鍵暗号を使う暗号通信プロトコルでも利用できることが多い。例えば、このあとで説明する暗号メールS／MIMEは、電子証明書を取得しなければ利用できないしくみになっている。

S/MIMEで暗号メールに挑戦

「暗号メール」と聞くと、ちょっとハードルが高いように思うかもしれない。しかし、メールの暗号化や復号の操作が加わるだけであり、とくに複雑なわけではない。

ここでは、Windowsに付属する電子メール・ソフトOutlook ExpressとNetscape Mailを使って暗号メールの設定と操作を見ていく。

まずはS/MIMEの場合。S/MIMEの機能は、メールの暗号化と電子署名である。X.509の電子証明書を使うことが特徴だ。

実は、最近のメーラーでもS/MIMEに対応しているソフトは意外に少ない。ただし、Outlook ExpressとNetscape MessengerはS/MIMEに対応しているので、あとは証明書を取得すればよい。取得した証明書をWebブラウザからファイルとしてエクスポートし、メーラーでインポートする☛。これ

メーラーでインポートする
Internet ExplorerとOutlook Express、Netscape NavigatorとNetscape Mailのようにブラウザと付属するメーラーの間では同じ証明書を使う仕様になっているので、この作業は必要ない。

で準備は完了だ。

とりあえず自分自身に暗号メールを送ってみよう。特別に設定しなければならない項目はない。通常通りにメールを作成し，本文を書き終わったら，メニューの「ツール」から「暗号化」あるいは「デジタル署名」を選択するだけ。これでメールの暗号化や署名ができる。

自分に届いたメールを見てみよう。S/MIMEを使っていることがわかる特別なアイコンが表示されるはずだ（図2-10）。

だれかにS/MIMEで暗号メールを送る場合は，送信相手の証明書（公開鍵）を入手する必要がある。知り合い同士なら証明書を直接送ってもらえばよい。CAなどが運営しているディレクトリ・サーバーから取り出す方法もある。

相手の証明書を取得したら，それを相手のメール・アドレスに対応づける。この対応づけを誤ると相手は復号できない。あとは，暗号化または電子署名を選択してメールを送ればよい。

受信も暗号メールにしたいのなら，自分の公開鍵を相手に伝え，暗号メールで返信するように依頼する。

●図2-10　S/MIMEで暗号化したメールの受信
Outlook ExpressはS/MIMEを標準でサポートしているため，専用のメッセージやアイコンが表示される。

PGPを入手して使ってみる

次に，世界中で広く利用されている暗号ソフトであるPGPについて説明する。PGPは，米国人のPhilip Zimmermann（フィリップ ジマーマン）の手で開発され，現在は米PGPが開発・販売する権利を持っている。

PGPソフトは，汎用的な暗号ツールなので，データを暗号化するさまざまな場面で活用できる。もちろん，電子メールと組み合わせて利用することも可能である。製品には商用版と無償で入手可能なフリー版がある。非商用目的，つまり個人で使う場合に限りフリー版を利用できる。

今回は，会社で使うことも考えて，商用版を使うことにする。なお，基本的な機能や操作はフリー版と同じである。フリー版は，「http://www.pgpi.org/」などからダウンロードできる。

輸出規制ではミサイルと同じ扱い

暗号製品に輸出規制があることをご存知だろうか。一口に輸出規制といっても理由はさまざまだが，暗号の場合は，なんと「兵器の輸出」としての規制である。

つい最近まで，米国は暗号の輸出に最も厳しい国だった。共通鍵暗号で56ビット以上の鍵を使う暗号製品の輸出は原則として禁止していた。ところが1999年に方針が見直され，2000年からは128ビット暗号のような強力な暗号でも原則として輸出を認めることとした。

一方，日本にも暗号の輸出規制はある。その内容は「ワッセナー・アレンジメント」という会合で決められた国際協約に準じたものだ。64ビット以上の暗号製品を輸出する際には許可が必要だが，輸出先が米国など24カ国の場合は事後報告は求めない。

ただし，実際に輸出先を制限するのは難しい。例えば，Webサイトで暗号ソフトを公開すれば，たちまち世界中のどこにでも簡単に暗号製品を輸出できてしまう。こうした状況にあるため，ワッセナー・アレンジメントも毎年改正されており，徐々に規制は緩められている。

広く利用されている
PGPは，発表当時に特許権侵害や暗号の輸出規制の問題などで大騒ぎになった。このあたりのエピソードはとても面白い。オーム社発行の「PGP暗号メールと電子署名」に詳しい記述がある。

商用版を使う
国内では，日本システムディベロップメントが企業ユーザー向けにライセンス販売している。

使い捨ての共有鍵でデータを暗号化

　実際の操作に入る前に，しくみを確認しておこう。PGPの暗号化のポイントは，共通鍵暗号と公開鍵暗号を巧みに組み合わせている点にある（**図2-11**）。共通鍵暗号のところで説明したように，共通鍵暗号は公開鍵暗号よりも暗号速度がとても速い（数十〜数百倍以上）。したがって，メール本文は共通鍵暗号で暗号化する方が効率的だ。

　共通鍵暗号を使うには，メールの送信者と受信者で共通鍵を共有する必要がある。PGPでは，公開鍵暗号で共通鍵を暗号化し，暗号データとともにメールで送っている。

　また，共通鍵として「セッション鍵」という使い捨ての鍵を用いることも特徴である。セッション鍵とは，毎回異なる値を

●図2-11　PGPメールのしくみ

あらかじめ鍵を共有することなく暗号データをやりとりできる公開鍵暗号公式と，データを暗号化する速度が公開鍵暗号方式より圧倒的に速い共通鍵暗号方式を組み合わせて暗号メールをやりとりする。

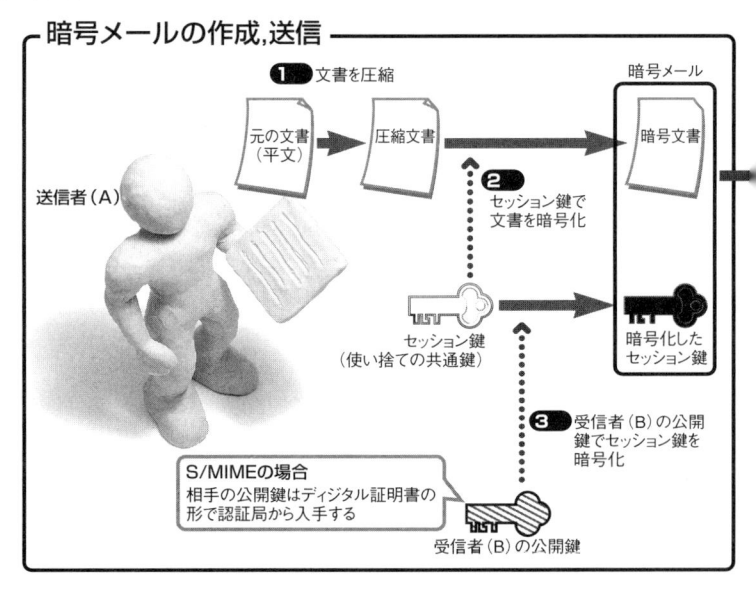

とる使い捨て鍵のこと。メールを送るたびに共通鍵が異なるので，万が一，ある暗号データの共通鍵が盗まれたとしても，それ以降のデータが解読される心配はない。

鍵の長さは自分で決める

　PGPソフトは，OutlookやOutlook Express，Eudora（ユードラ）などのメール・ソフトにプラグインの形で組み込むことができる。

　インストール自体は普通のWindowsアプリケーションと変わらない。画面の指示に従っていけば何も引っかかることはないだろう。

　インストールが終わると，鍵ペア（公開鍵と秘密鍵のペアのこと）の作成に入る。ここでは，公開鍵の長さ（ビット数）と

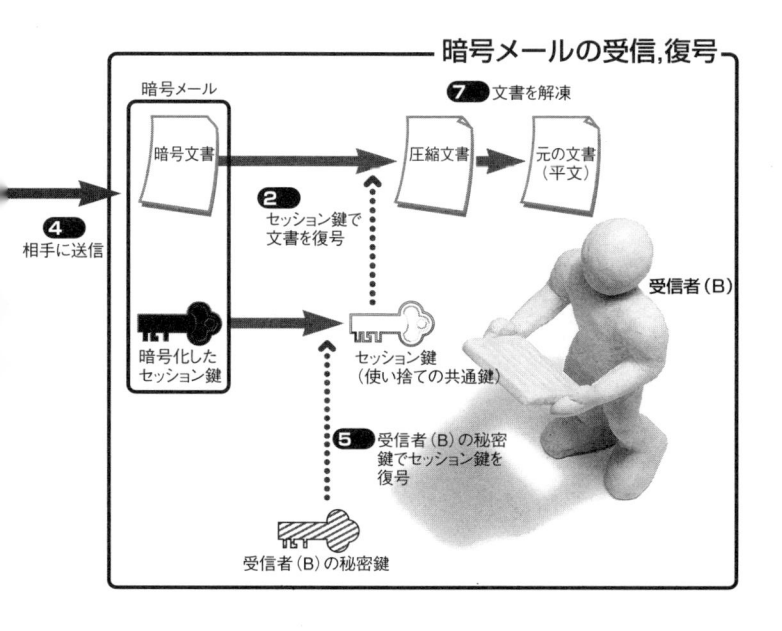

暗号メールの受信，復号

暗号メール
暗号文書
❹ 相手に送信
❷ セッション鍵で文書を復号
暗号化したセッション鍵
セッション鍵（使い捨ての共通鍵）
❼ 文書を解凍
圧縮文書 → 元の文書（平文）
受信者（B）
❺ 受信者（B）の秘密鍵でセッション鍵を復号
受信者（B）の秘密鍵

パスフレーズの設定に注意する(図2-12)。

　まず鍵の長さは，基本的に長いほど安全性が高まる。ただし，それだけ暗号処理に時間がかかる。相手のパソコンが古い機種であるかもしれないから，やみくもに長い鍵を使うのは避けるようにしたい。公開鍵の長さは1024～2048ビットもあれば通常の利用では十分である。

　もう一つのパスフレーズは，自分の秘密鍵を使うときに入力するパスワードのこと。パソコンから秘密鍵を引き出すときに使うので，これをいいかげんに設定するとだれかに盗まれる危険がある。

　ただ，パスフレーズは日常的に使うものなので，覚えにくい文字列にすると使いにくくなる。どのパスワードにも共通する原則だが，覚えられる範囲で最低でも8文字から10文字程度の文字列がいいだろう。

鍵サーバーの登録で鍵を公開

　鍵の作成を終えたら，暗号メールをやりとりする相手に公開

●図2-12　鍵ペアのサイズを選択する
通常は1024～2048ビットで十分である。

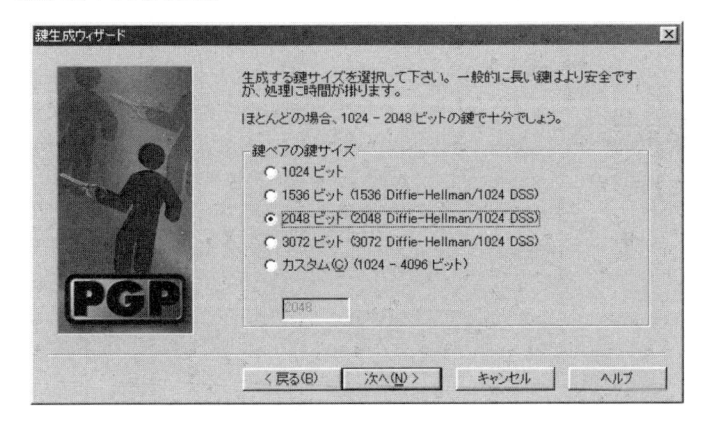

鍵を渡す。

　また，公開鍵をインターネット上にある「鍵サーバー」と呼ぶサーバーに登録すれば，自分の公開鍵をインターネット・ユーザーに公開できる。

　デフォルトの設定では，鍵サーバーとして米ネットワークアソシエイツのサーバー（ldap://certserver.pgp.com/）や米マサチューセッツ工科大学（MIT）のサーバー（http://pgpkeys.mit.edu:11371/）などが登録されている。鍵サーバーは日本にもある（http://pgp.nic.ad.jp/pgp/pks-commands-j.html）。どこに登録しても効果は同じだ。鍵サーバーは連携しており，どこで登録しても世界中に配布される。

　では，Outlook Expressを使って暗号メールを送ってみよう。インストールの段階でOutlook用プラグインを組み込んでいれば，PGPを使って暗号化するのはとても簡単だ。メールを作成し，メニューの「ツール」かツール・バーの右端（Outlook Express5.5の場合）にあるドロップダウン・メニューからPGPによる暗号化あるいは署名を選択する（図2-13）。暗号化した

●図2-13　Outlook Expressでメールを暗号化する
作成したメールをPGPで暗号化しようとしているところ。PGPとS/MIMEは併用できる。

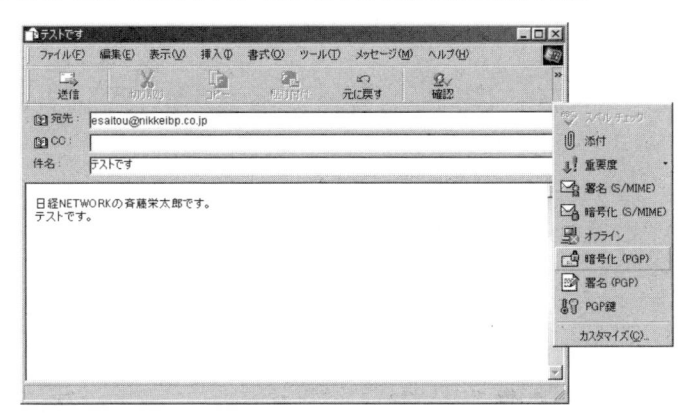

メールを自分自身に送ってみれば，メール本文がPGPによって暗号化されていることを確認できる（図2-14）。

　ほかのユーザーに暗号メールを送りたい場合は，「PGP鍵」ツールを使い，鍵サーバーを検索して相手の公開鍵を取得する。相手が鍵をサーバーに登録していないときは，相手から公開鍵のファイルを送ってもらう必要がある。

● 図2-14　PGPで暗号化したメールの受信
メールの本文が暗号化されていることがわかる。

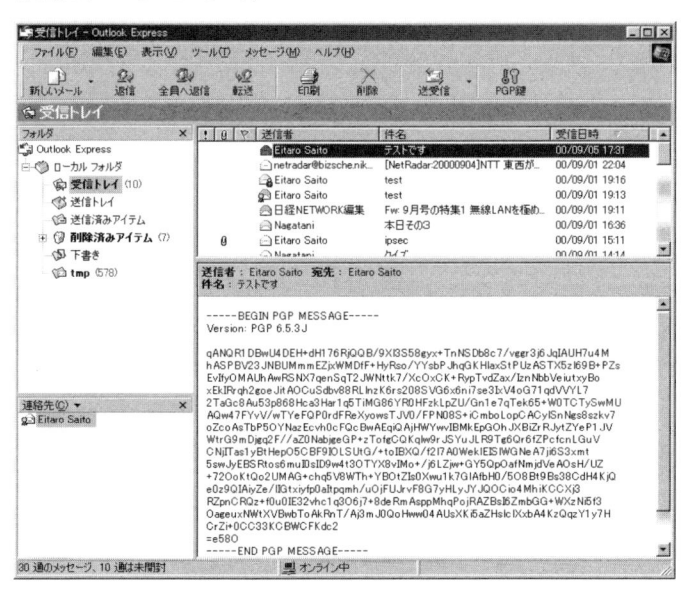

Part3
認証の本質

認証とは自分が本物だということを相手に認めてもらうこと。昔から合い言葉や印鑑，サイン，割り符など，いろいろな方法が利用されてきた。ネットワークでも認証は重要だ。とはいえ，ネットワークを介して相手が本物かを確かめるのは，なかなか難しい。暗号技術を駆使した実際のネットワーク認証のしくみをのぞいていこう。

3-1 原理　通信相手を確認する4手法，安全性に大きな違い ……………… p. 84
　　平文認証 ── これが基本中の基本 ………………………………………… p. 87
　　チャレンジ・レスポンス ── 双方で計算結果を比較する ……………… p. 89
　　ワンタイム・パスワード ── パスワードを毎回捨てる ………………… p. 94
　　ディジタル署名 ── 公開鍵暗号を使う …………………………………… p. 95

3-2 実際　メールやWebページではどんな認証方式を使っているか ……… p. 99
　　電子メールの認証 ── デフォルト設定は危険が多い …………………… p.100
　　PPPで利用する認証 ── 使わない認証機能はオフに …………………… p.104
　　Webアクセスでの認証 ── HTTP，SSL，あるいは独自方式 …………… p.107
　　　　腕試しクイズ：RSAの名前の由来は? ………………………………… p.115
　　　　Q&A：Windowsで勝手にサーバーにつながるのはなぜですか? …… p.116
　　　　Q&A：Webサイトにパスワードを覚えさせても大丈夫でしょうか? … p.118
　　　　Q&A：全国どこでも同じIDとパスワードが使えるのはなぜですか? … p.120

3-1 原理
通信相手を確認する4手法
安全性に大きな違い

　お気に入りのポータル・サイトにログインしたり，新着の電子メールを読み出すときなど，インターネットを利用するいろいろな局面で，私たちはIDとパスワードを入力している。自分を自分と認めてもらい，正当な立場でいろいろなサービスを利用するためだ。

　パスワードを使う認証は，ネットワークの重要な技術の一つ。パスワードを入力した裏側がどうなっているのか詳しく見ていこう。

ネットワークでは相手の確認が難しい

　実際に顔を合わせれば，それが誰だかすぐわかる。道ばたで知り合いに声をかけられれば，顔やしぐさ，声，話し方，服装といった特徴から私たちは相手を簡単に確認できる。

　でも，ネットワーク経由では同じようにならない。コンピュータ・ネットワークを流れるのは無機質なデータだけだからだ。

　例えば，お軽さんと由良之助✑の二人がネットワーク越しにテキスト・チャットをするケースを考えてみよう（図3-1）。モニターに「お軽です」と名乗る文字が表示されたとして，それが確かにお軽さんからのメッセージだとどうやったらわかるだ

お軽さんと由良之助
ここではこの二人と盗聴者の九太夫に登場してもらったが，暗号の論文などでは慣習的に，秘密の通信を行う二人にアリスとボブ，通信の盗聴者にはイブという名前を使うことが多い。

ろうか。モニターに表示されるのは，お軽さんの名前を示す文字（ID）だけである。

　悪者の九太夫がお軽さんに成りすまして由良之助をあざむこうとしたら，由良之助には見分ける手段がない。姿が見えない相手から名前だけ書かれた手紙を受け取っても本物かどうか確認しようがないのと同じである。

　つまりネットワーク越しに相手を本物だと知るためには，相手の名前の情報だけでは不十分なのだ。何らかの方法で，通信している相手がだれかを確認する手段が必要になる。それがネットワーク認証の技術である。

　ネットワーク上の認証手段はいろいろある。要求されるセキュリティのレベルが上がるほど，複雑な方法が使われる。現実世界でも顔を合わせて「こんにちは」と言えば済む相手がいる

●図3-1　現実世界では簡単でもディジタル化されていると認証は難しい

認証の目的は相手を確認する，もしくは相手に自分を自分だと確認してもらうことだ。日常生活では簡単だが，ネットワーク越しでは名前（ID）だけを名乗られても相手が本物かどうか確かめるのは難しい。

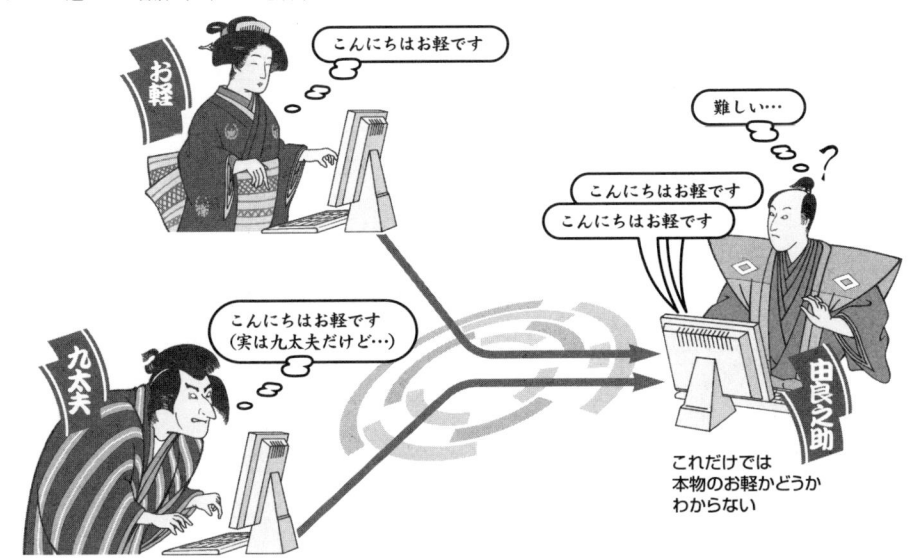

一方で，証書や印鑑を持ち出さないと成立しない取引があるのと同じことだ。

ネットワーク認証の中で，一番広く使われているのがパスワードである。顔が見えているのに「味方なら合い言葉を答えろ」と聞き返すのは，時代劇の世界だけ。でも，ネットワークの世界ではこれが当たり前なのだ。

●図3-2　認証の基本は平文認証である
通信前に秘密のパスワードを決めておき，アクセス時に最初にパスワードを示せば本物かどうか判別できる。

平文認証
これが基本中の基本

　通信するお互いだけが知っている情報をネットワーク経由でやりとりすれば，間違いなく相手を確認できる。これがネットワーク認証の基本形である平文認証と呼ばれる方式だ（図3-2）。

　この方式の手順は簡単である。お軽さんの秘密のパスワードをあらかじめ決めておく。お軽さんはログインする際に，IDとパスワードを送る。由良之助の方では送られてきたパスワードがあらかじめ取り決めていたパスワードと同じならお軽さん本人だとわかる。なぜなら秘密のパスワードを知っているのは，お軽さんしかいないはずだからだ。

　しかし平文認証には重大な欠陥がある。盗聴されると一巻の終わりなのである。

　平文認証では，IDとパスワードを組み合わせてネットワークを介して送る。もし悪者の九太夫が由良之助をだましたければ，通信路の途中で盗聴すればいい。これだけでお軽さんのIDとパスワードが簡単にわかってしまう。始末の悪いことに通信路の多く——特にLANやインターネット——では通信の盗聴がとても簡単である☜。つまり平文認証はネットワーク向きとは言えないのだ。

　もし秘密のパスワードがばれてしまえば，話は振り出しに戻る。九太夫が悪さをしようとお軽さんのIDとパスワードを使ってアクセスしてくるかもしれない。こんな状況では由良之助はアクセスしてきたのが本物のお軽さんか，それともお軽さんの偽者なのか区別できない。

　ではどうするか。問題は，IDとパスワードの組み合わせがそのままネットワークを流れてしまうことだ。ではパスワードを

とても簡単である
いわゆるスニッフィング・ツールやパケット・キャプチャ・ソフトを使うと簡単にできる。LANやインターネットではほとんどの通信が暗号化されずにやりとりされるうえに，接続が不特定多数に開放されているケースが多いので，容易に盗聴できる。

暗号化すればいいと考えるかもしれない。パスワードを暗号化して送るためには、双方でどうやって暗号化するか決めておけばいい。しかし、いつも同じ方式で暗号化したパスワードを送るなら、それは生のパスワードを送るのと同じことだ。お軽さんの偽者は暗号化したあとのパスワードを盗んでそれを代わりに送れば済む。つまり暗号化するなら、例えば毎回暗号の鍵を変えるといった運用が必要なのだ。これはちょっと面倒である。

とはいえ、暗号化するというアイデアは悪くない。パスワードに何らかの「処理」を施した結果を送り、双方で比較することで認証すれば、パスワードそのものがネットワークを流れないようにできる。これを簡単に実現するのが、次に説明するチャレンジ・レスポンス認証である。

●図3-3　双方で同じ「計算」をして答えを比較

チャレンジ・レスポンス認証はパスワード自体を送らずに認証する方法だ。そのために通信前に両者でパスワードと一緒に何らかの計算方法を決めておく。双方が同じ計算をして結果が一致したら相手が本物だと確認できる。レスポンスの値はチャレンジによって毎回変わるので通信が盗聴されても正しいパスワードはわからない。

■ チャレンジ・レスポンス
双方で計算結果を比較する

　チャレンジ・レスポンス認証は，パスワード自体を送らずに認証する方法である。その手順を説明しよう。ポイントは二つある（図3-3）。

　一つめのポイントは，お軽さんとの間でパスワードと一緒に何らかの計算方法を決めておくこと。お軽さんがアクセスしてきたら由良之助は適当な数値（チャレンジと呼ぶ）を返す。お軽さんはチャレンジとパスワードを使ってあらかじめ決めておいた計算を行い，その結果（レスポンスと呼ぶ）とIDを送る。

一方，由良之助側でもお軽さんのIDからパスワードを引き出し，自分が送ったチャレンジを使って同じ計算をする。送られてきたレスポンスと計算結果が一致したら相手も同じパスワードを持っているとわかる。問いかけ（チャレンジ）によって答え（レスポンス）が変わるという点では，合い言葉——「山」に対して「川」，「海」に対して「空」——に似ている。

　この方式ならネットワークを流れるのはチャレンジとレスポンスだけ。しかもレスポンスの値はチャレンジによって毎回変わる。パスワードをそのまま流すより安全性が向上する。

　ただし，計算方法が単純だと危ない。チャレンジとレスポンスを何度か盗聴されると，それを元に計算方法が推測され，チャレンジとレスポンスからパスワードを逆算される危険性が高いからだ。

　この点を防ぐためにチャレンジ・レスポンス認証では一方向関数（いちほうこう）と呼ばれる特殊な関数（計算方式）を使う。これが二つめのポイントだ。

　一方向関数とは，計算結果から元の数値が単純に導き出せない計算式のこと。例えば二つの数値を足した下1桁だけとか，足した数を特定の数値（例えば7）で割り算をした余りといった演算方法を指す。これらは二つの数値がどんな組み合わせでも，演算結果は前者なら0〜9まで，後者なら0〜6までのどれかにしかならないので，演算結果から元の数値が簡単に決められない。つまりチャレンジとレスポンスを盗聴しても簡単にはパスワードを導き出せないというわけだ。

結果から元の数字がわからない

　とはいえ，レスポンスの値が0〜9などと少ないと，10回以上通信をすると，必ずレスポンスが重複し，チャレンジと組み合わせれば演算方法を容易に推測できてしまう。こうして演

容易に推測できてしまう
それ以前に，レスポンスのバリエーションが10程度なら，演算方法をわざわざ推定しなくともレスポンスを順番に送ってみる方法で破れる。

算方法がばれてしまえば最終的にはパスワードが盗聴者にわかってしまう。これはまずい。そこで、実際のチャレンジ・レスポンス認証ではハッシュ関数と呼ばれる特殊な一方向関数を使う（表3-1）。ちなみにハッシュ（hash）とは英語で「切り刻む」という意味である。

ある文字列（メッセージ）を入力すると、長さが一定の文字列に変換される――。これがハッシュ関数である。元の文字列が同じなら結果も同じで、元の文字列が少しでも異なると結果も異なる。

つまり、メッセージをハッシュ関数に掛けたあとの値を比較するだけで、そのメッセージが正しいかどうかがすぐにわかる。ハッシュの結果は元の文字列の要約（ダイジェスト）になっているわけだ。こうした性質からハッシュ関数は「一方向暗号」とか「メッセージ・ダイジェスト」とも呼ばれる。

チャレンジ・レスポンス認証で使われるハッシュ関数は、元の性質に加えてネットワーク経由でも安全な認証に使えるように改良が加えられている。具体的には、計算結果をたくさん集めても、元の文字列を推定しにくいように特に気を配って作られている。

ちなみに現在、実際のチャレンジ・レスポンス認証で最もよく使われているハッシュ関数はMD5という方法。MD5はRSA暗号の開発者の一人であるロン・リベスト氏が開発し

呼ばれる
初期には解読不可能暗号とも呼ばれたらしい。ハッシュは結果から元メッセージを復号できないから「暗号」という言葉を使うのはおかしな気もするが、暗号の世界では正しい言い方である。

MD5
messege digest algorithm 5の略。MD5は前年の90年にリベスト氏が開発したMD4（RFC1320で規定）の改良版である。MD4はパソコンのCPUで簡単に計算できるように開発されたが、そのためにいくつかセキュリティ上の問題点が残ってしまった。最大の問題は結果から元の文字列が逆算できる可能性を指摘されたことだ。MD5はこうした問題を根本から解消することを狙い、イチから作り直した関数である。こうした経緯もありMD4は、一部の例外を除いて現在ではあまり使われていない。

RSA暗号
世界で始めて公表され、最も普及している公開鍵暗号のアルゴリズム。

●表3-1　よく使われるハッシュ関数

名前	出力長	概要
MD4	128ビット	1990年にRSA暗号の開発者の一人であるリベスト氏が提案した。RFC1320で規定されている
MD5	128ビット	リベスト氏が1991年に提案したMD4の改良版。MD4より処理が33％重いが安全性は高い。RFC1321で規定されている
SHA-1 *	160ビット	1995年に米国の標準機関であるNISTが米国政府の標準ハッシュ関数として採用した

＊ secure hash algorithm 1の略。

たハッシュ関数だ。出力される文字列は128ビットで，1991年にRFC1321として規格化されている。

　ここで実際のチャレンジ・レスポンス認証の生のデータを見てみよう（**図3-4**）。チェックするのは電子メールの認証プロセス。違いがわかるように平文認証のデータも並べた。すべてパスワードは同じにしている。

●図3-4　チャレンジ・レスポンス認証を実際の例で見てみよう

電子メールの確認のためにメーラーがサーバに送るメッセージを例に，実際の平文認証とチャレンジ・レスポンス認証を比べてみた。①が平文認証，②と③がチャレンジ・レスポンスである。パスワードはすべて同じ「paasword」にしている。①ではパスワード自体が読めてしまう。②と③は同じユーザーがアクセスした1回目と2回目。チャレンジの値が違うのでレスポンスの値も変化している。

①平文認証でパスワードを送っている

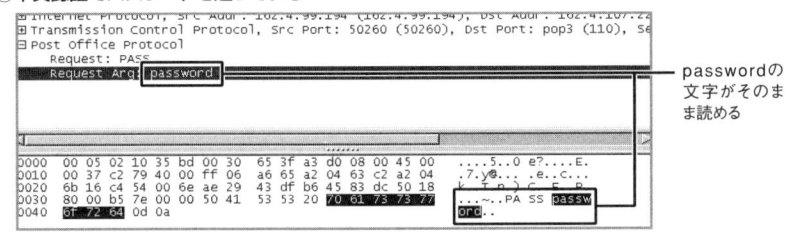

passwordの文字がそのまま読める

②チャレンジ-レスポンス認証（1回目）

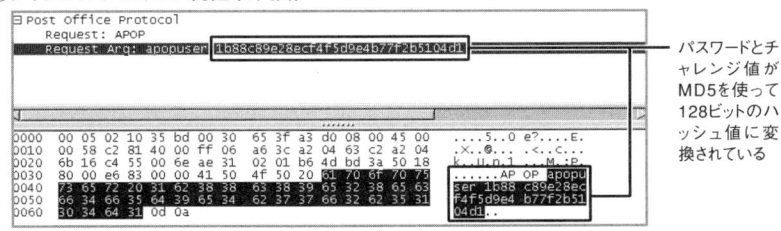

パスワードとチャレンジ値がMD5を使って128ビットのハッシュ値に変換されている

③チャレンジ-レスポンス認証（2回目）

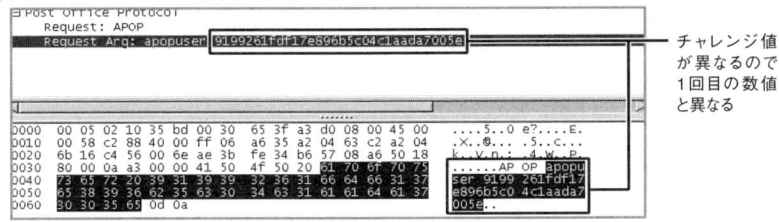

チャレンジ値が異なるので1回目の数値と異なる

1番上が平文認証である。パスワードとして設定した「password」がはっきり見えているのがわかる。一方の真ん中と下がチャレンジ・レスポンス認証を使った例だ。レスポンスがパスワードとまったく異なる文字列になっている。下と比較するとユーザーIDとパスワードが同じでも，毎回レスポンス値が異なるのがわかる。

■ ワンタイム・パスワード
パスワードを毎回捨てる

　チャレンジ・レスポンス認証はよく工夫された方式だが，セキュリティ的に見るとまだ完全ではない。

　問題点の一つは，なんだかんだ言ってもチャレンジやレスポンスがネットワークを流れてしまうこと。これらは盗聴者にとってパスワード解読の手がかりとなる。今のところMD5は，安全と言われているが，手がかりが無数にあれば，元のパスワードが解読されてしまう可能性はゼロではない☞。

　もう一つの問題はお客さんがうっかりパスワードを他人に漏らしてしまうと，やはり安全性が失われるという点だ。こちらは人為的な問題ではあるが，極めてよく起こりがちだ。

　こうした問題を回避するために，一部の企業ネットワークなどで使われているのが，ワンタイム・パスワードと呼ばれる方式である。

　ユーザーは，あるアルゴリズムに沿って動作する装置☞（ハードウエアではなく，ソフトウエアもある）を携帯する。この装置は，時刻やこれまでのログイン回数などから毎回異なるパスワードを生成する☞。ユーザーがログインしたいときには，このパスワードを入力する。サーバー側にも同じしくみを備えた装置があり，送られてきたパスワードが正しければユーザー本人であると認証する。

　ポイントは1度使ったパスワードを使い捨てにすること。パスワードはログインしようとするたびに違うので，盗聴で取得しても次にはもう使えない。しかもユーザー本人すら使う瞬間までパスワードが何なのか知らないので，うっかりパスワードが漏れることもない。

可能性はゼロではない
例えば辞書攻撃と呼ばれる手法がある。一般のユーザーがパスワードに使う文字列は限られているので，それらとチャレンジを組み合わせ，総当たり的に演算を繰り返し，レスポンスと同じ値を得る。こうした攻撃は手がかりが多いほど効率がよくなる。

装置
携帯用のワンタイム・パスワード発生装置はカード型になっているものもある。

パスワードを生成する
ワンタイム・パスワードでは，ネットワークの両端である決まった条件に対応したパスワードを生成する。条件をチャレンジ，パスワードをレスポンスと考えると，広い意味ではチャレンジ・レスポンス型の一種と言える。

■ デイジタル署名
公開鍵暗号を使う

　ここまでは，通信の両端で共通する秘密（パスワード）を持つことで認証する方式を説明した。しかしネットワーク認証の基盤となる技術は，もう一つある。それが公開鍵暗号（非対称鍵暗号）を使った認証である。これを使うと，メッセージ自体に自分を認証する情報を添付して送るディジタル署名として使える。

　ディジタル署名のしくみを理解するには，公開鍵暗号について押さえておく必要がある（図3-5）。一般的な暗号では暗号鍵は一つしかない。暗号化に使った鍵でデータを復号するのが普通である。しかし，公開鍵暗号では暗号鍵は1ペア（二つ）

● 図3-5　公開鍵暗号のポイントは閉じる鍵と開く鍵が別々であること

公開鍵暗号（非対称鍵暗号）のポイントは，閉じる用と開く用の二つの鍵をペアで使う点にある。閉じる用の鍵で暗号化したメッセージはペアの開く用の鍵でなければ復号できない。

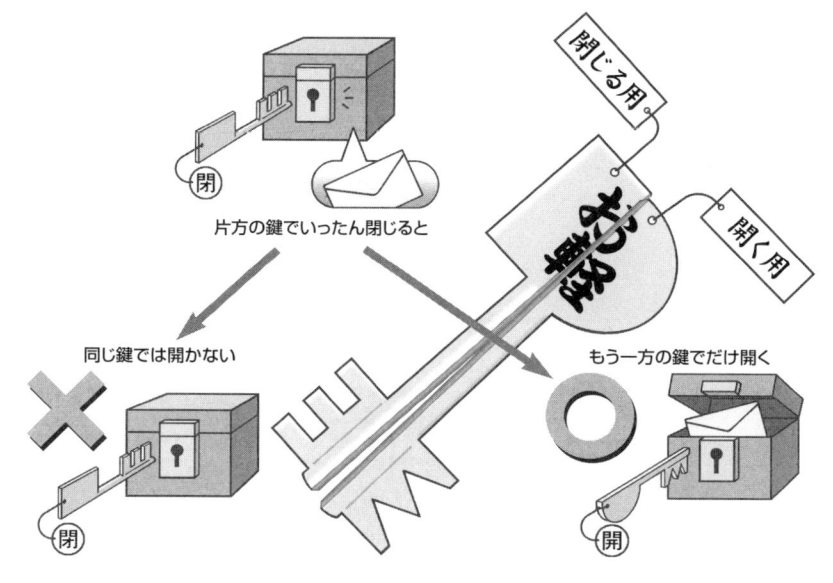

である。

　ポイントは，二つの鍵がペアで使われること。片方を「閉じる用の鍵」，もう一方を「開く用の鍵」として使う。いったん閉じる用の鍵で暗号化したメッセージは，同じ鍵ではもう開けない。メッセージを復号できるのは，開く用の鍵だけになる。また片方の鍵から，もう一方の鍵を推定することもできない。

　お軽さんがペアの鍵を作って開く用の鍵だけを由良之助に渡したとすると，お軽さんが閉じる用の鍵で暗号化したメッセージは由良之助に渡した鍵でしか開けなくなる。公開鍵暗号は，こうした不思議（非対称な）な性質を持っている。

●図3-6　ディジタル署名による認証のしくみ

まず1ペアの暗号鍵のセットを作り，開く用の鍵の方を相手に渡しておく。通信を始めるときに，適当なメッセージを閉じる用の鍵で暗号化して送る。受け取った相手は先ほど受け取った鍵で開いてみる。この鍵で開けるのはペアの片割れの閉じる鍵で暗号化したメッセージだけだから，開けるということはメッセージの送り手が正しいという証明になる。

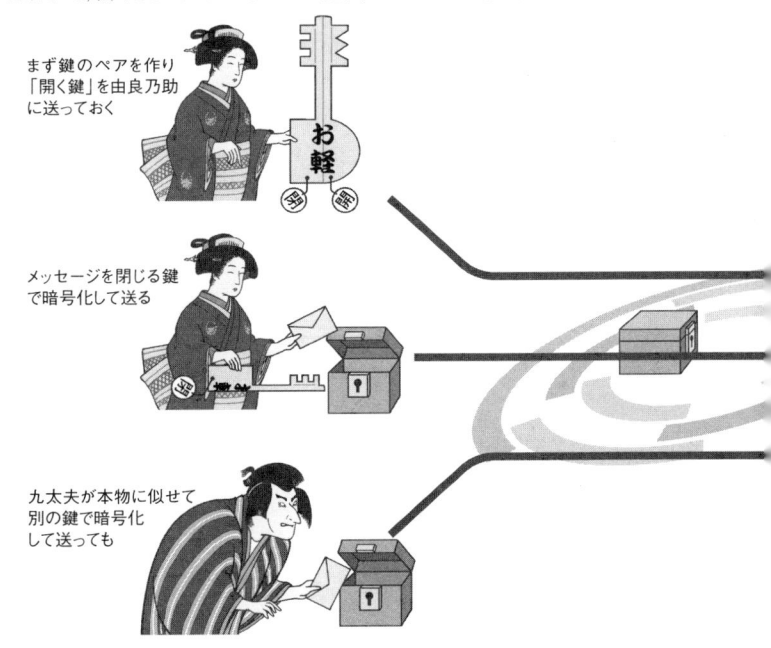

まず鍵のペアを作り「開く鍵」を由良乃助に送っておく

メッセージを閉じる鍵で暗号化して送る

九太夫が本物に似せて別の鍵で暗号化して送っても

パスワードが要らない

では，この非対称鍵暗号をどうやって認証に使うかを見ていこう（**図3-6**）。まずお軽さんが1ペアの公開鍵暗号の鍵セットを作る。次に開く用に決めた鍵を由良之助に送る。送る方法はネットワーク経由でもかまわない。

通信を始めるときにお軽さんは，適当なメッセージを閉じる用の鍵で暗号化して送る。それを受け取った由良之助はお軽さんからもらった鍵で開いてみる。見事開けたら，そのメッセージはお軽さんから送られてきたとわかる。お軽さんからもらった鍵で開けるのは，お軽さんが暗号化したメッセージだけだか

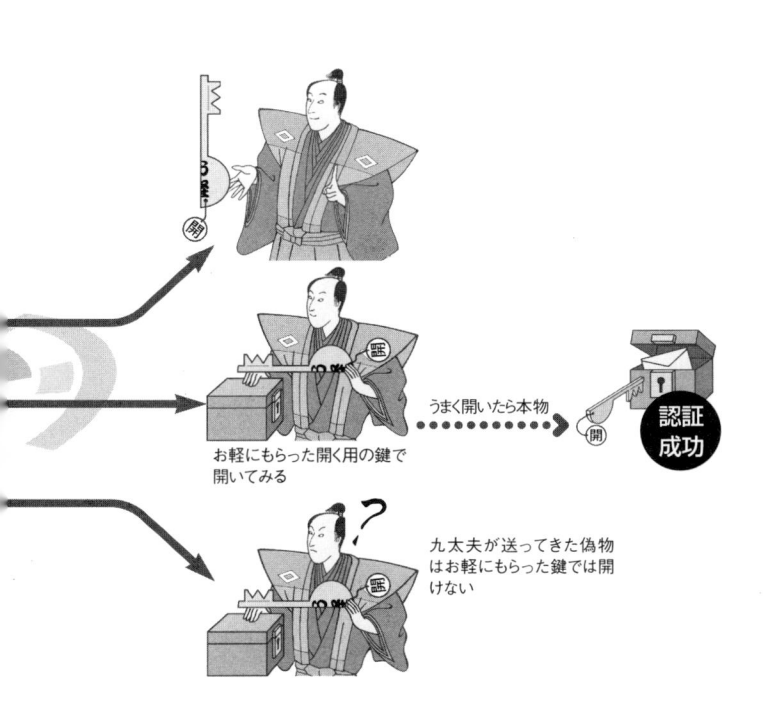

らだ。

　一方，悪者の九太夫がそれをまねて暗号化したメッセージを送っても，由良之助は偽者とすぐ判別できる。偽のメッセージは，お軽さんからもらった鍵で復号できないからだ。

　公開鍵暗号を認証に利用するメリットの一つはパスワードが要らないこと。パスワードを使う認証では，最初にパスワードを相手に知らせるのにネットワークが使えないという欠点がある。そこで盗聴されたら何の意味もないからだ。

　一方，公開鍵暗号を使う方式なら開く用の鍵をネットワーク経由で送れる。この場合，開く用の鍵はお軽さんのメッセージが本物かどうか確かめるためだけにしか使えないから，盗聴されても何の問題もないのである。

改ざん検出も同時にできる

　さらに公開鍵暗号は，本人認証に加えて改ざん検出もいっぺんにできるというメリットもある。

　実際のディジタル署名では，お軽さんは由良之助に送るメッセージ全体をハッシュ関数に掛ける☜。さらにその結果を閉じる用の鍵で暗号化し，メッセージに暗号データを添付して送る。受け取った由良之助はやはりメッセージにハッシュ関数で処理した結果と，暗号データをお軽さんからもらった鍵で復号した結果を比べる。

　こうすれば，データの送り主がお軽さんかどうかがわかる。また計算結果が一致すれば，元のメッセージが通信の途中で改ざんされていないことを確認できる。逆に言うと，計算結果が一致しなければ，相手が偽者かメッセージが改ざんされているとわかるわけだ。つまり1回の通信で，本人認証と改ざん検出の二つを同時にできるわけで，一石二鳥なのである。

ハッシュ関数に掛ける
しくみとしてはメッセージそのものを閉じる鍵で暗号化しても良い。わざわざハッシュを掛けるのは，一般に公開鍵暗号は暗号処理が重いため。処理の負荷を下げるために，ハッシュ関数で暗号化すべきデータを小さくするわけだ。

3-2 実際
メールやWebページでは
どんな認証方式を使っているか

　「3-1 原理」で見てきたように，よく使われるネットワーク認証の方式は，IDとパスワードを使う平文認証，チャレンジ・レスポンス，公開鍵暗号を使ったディジタル署名の3種類である。特にIDとパスワードを使う場合は，前の二つのどちらかが使われる。

　とはいえ，実際のネットワーク認証でどの技術をどうやって使っているかは千差万別だ。それぞれの方式が，具体的にどんな形で使われているのか，代表的なネットワーク認証を順番に見ていくことにしよう。

■ 電子メールの認証
デフォルト設定は危険が多い

まずは身近なところから話を始めよう。電子メールの受信時に使われる認証について見ていこう。

平文認証が標準

電子メールを受信するときのプロトコルで一番多く使われているのはPOP3☞である。POP3では通常，メール・サーバーにアクセスするのにIDとパスワードを使う。この認証は裏側ではどう動いているのだろうか。

電子メール・ソフトの設定パネルを開いてみよう（**図3-7**）。画面はBecky! Internet Mailのものだが，認証方式の設定で「標準」か「APOP」☞が選べるようになっているのがわかるだ

POP3
post office protocol version 3 の略。

APOP
authenticated post office protocolの略。RFC2195で規定されている。

●図3-7　メーラー標準の認証方式は平文認証だ
Becky! Internet Mailの設定画面。認証方式で「標準」を選ぶと平文認証になる。APOPは電子メールの取得の際にチャレンジ・レスポンス認証を行う。

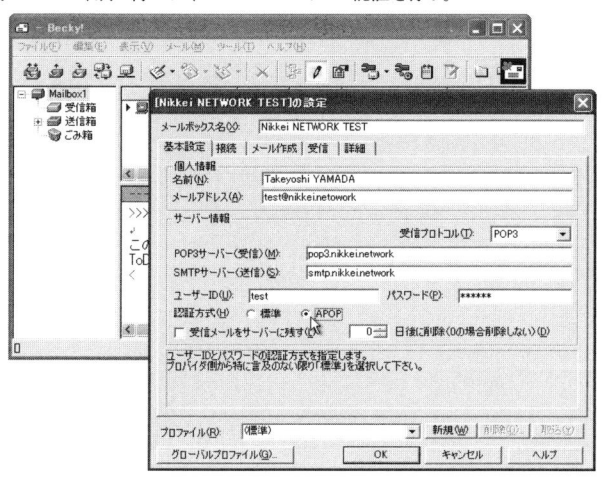

ろう。ほとんどのユーザーは，ここで「標準」を選んでいるだろう。

でも，実はこちらを選ぶとメーラーは平文認証を使う。つまりPOP3では平文認証がデフォルトの設定になっており，このままの状態で使うとパスワードがそのままネットワークを流れてしまう。電子メールの認証でチャレンジ・レスポンスを使うには，設定でAPOPを選ぶ必要がある。

サーバーの歓迎メッセージで判断

メーラーはサーバーにアクセスすると，まずサーバーからバナーと呼ばれるメッセージを受け取る。このとき，サーバーがAPOPに対応していれば，メッセージの末尾に＜＞でくくられた文字列が付いてくる。実はこれがチャレンジになる。

しかし，設定が「標準」になっていると，メーラーはチャレンジ値を無視してログイン要求とIDを送る。するとサーバーがパスワードを求めてくるので，そのままパスワードを送る。パスワードが合っていれば通信が始まる（p.102の図3-8a）。

一方，APOPを使う場合は，バナーに付いてきたチャレンジ値とパスワードをつないだものをMD5ハッシュ関数に掛けてレスポンスを作る。これをIDと共にAPOPコマンドで送る（図3-8b）。この値がサーバー側で計算したものと合っていれば通信がスタートする。

ただし，メーラーの設定をAPOPにしていても無意味なケースがある。実際のアクセスではAPOPを使わないことがあるからだ。いくつかのメーラーは，APOPに対応していないメール・サーバーにアクセスしたときに，自動的に平文認証に切り替えてしまうのである。

APOP対応のメーラーは，サーバーから戻ってきたバナー・メッセージでAPOPが使えるかどうか判別する。もしAPOPが

デフォルトの設定
デフォルトが平文認証になっている一つの理由は，APOP認証自体があとから追加されたからだ。このため，古い設定のまま使い続けている企業内のサーバーにはいまだにAPOPに対応していないものがある。また，今は当たり前になっているが，数年前はAPOPに対応しているメーラー自体が少なかった。

文字列
チャレンジの値をどう作るかはサーバーによって異なるが，APOPを規定したRFC2195では＜プロセスID.クロック@ホスト名＞として作ったタイムスタンプを使う例を挙げている。

使えなければ何らかのエラー・メッセージを出すべき。でも，そうしないで，そのまま平文認証に切り替えてログイン・プロセスを進めてしまうメーラーがあるのだ。

　平文認証に切り替わるからメールは問題なく受信される。逆に言うとユーザーはパスワードがそのままネットワークに流れていることに気づかない。ちょっと危ない仕様といえる。

●図3-8　**メーラーは最初のメッセージでAPOPが使えるか判断する**
メール・サーバーから送られてくる最初のメッセージ（バナーと呼ばれる）にチャレンジ値が付加されていればAPOPが使える。APOP認証はこれにパスワードをつないだ値にMD5ハッシュ計算を行って，IDと一緒に送る。一方，平文認証の場合はまずIDを送り，次にパスワードを送る。

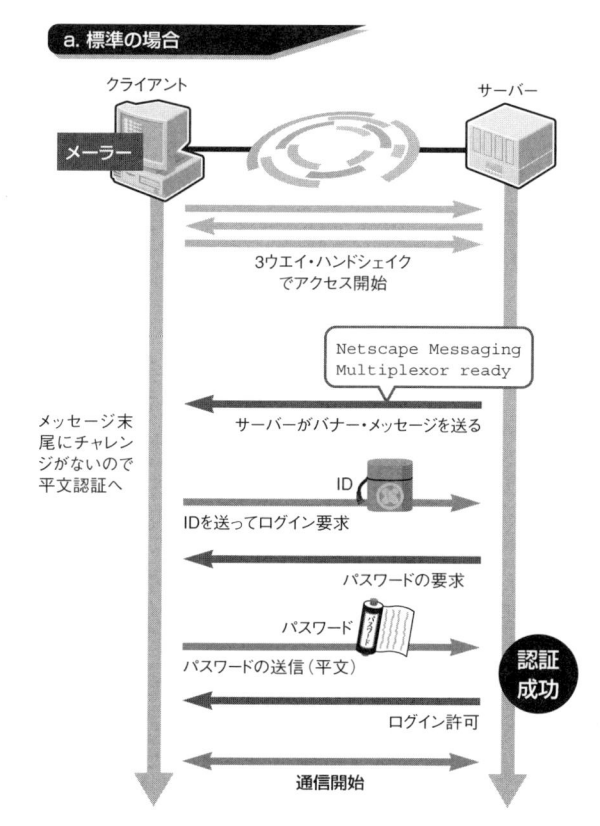

a. 標準の場合

クライアント　　　　　　　　　サーバー
メーラー

3ウエイ・ハンドシェイク
でアクセス開始

Netscape Messaging Multiplexor ready

サーバーがバナー・メッセージを送る

メッセージ末尾にチャレンジがないので平文認証へ

ID
IDを送ってログイン要求

パスワードの要求

パスワード
パスワードの送信（平文）

認証成功

ログイン許可

通信開始

Part 3 認証の本質

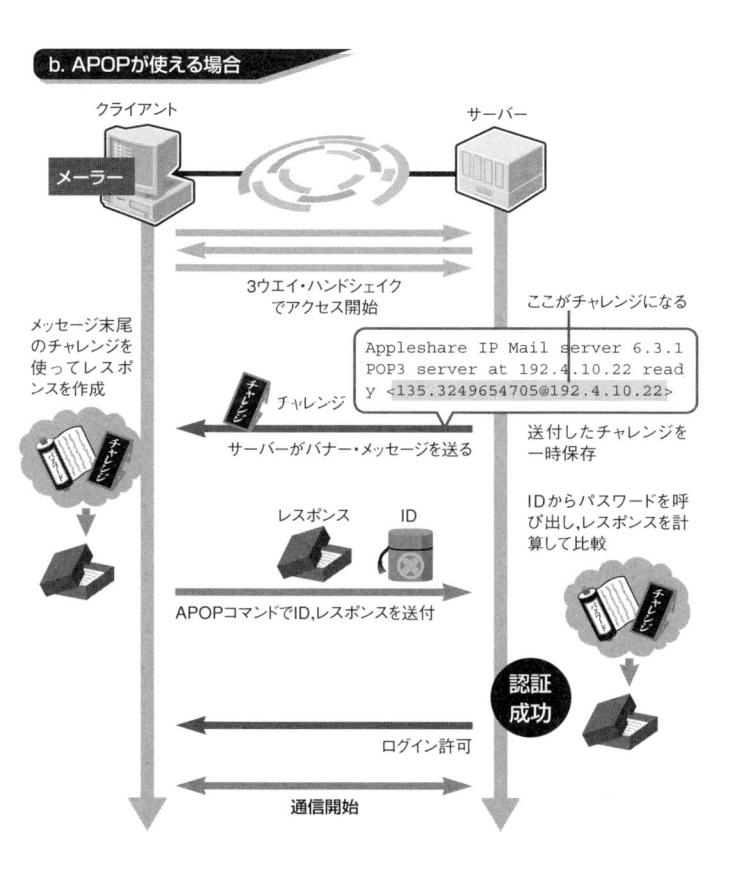

b. APOPが使える場合

```
Appleshare IP Mail server 6.3.1
POP3 server at 192.4.10.22 read
y <135.3249654705@192.4.10.22>
```

クライアント / サーバー / メーラー

3ウエイ・ハンドシェイクでアクセス開始

ここがチャレンジになる

メッセージ末尾のチャレンジを使ってレスポンスを作成

チャレンジ

サーバーがバナー・メッセージを送る

送付したチャレンジを一時保存

レスポンス　ID

APOPコマンドでID,レスポンスを送付

IDからパスワードを呼び出し,レスポンスを計算して比較

認証成功

ログイン許可

通信開始

■ PPPで利用する認証
使わない認証機能はオフに

PPP
point-to-point protocolの略。

使っている
ADSL経由のアクセスに使うのは、正しくはPPPoE（PPP over Ethernet）。

　次にPPP☞の認証を見てみよう。PPPは電話線経由でプロバイダのアクセス・ポイントにつなぐときに使うプロトコルだ。このほか，東西NTTのようなADSL事業者では，ADSLモデム経由でプロバイダにつなぐためにPPPを使っている☞。

●図3-9　PPPの認証は方式を双方で交渉して決める

PPPの認証プロセスの特徴は最初に平文認証を使うか，チャレンジ・レスポンスを使うかを双方で交渉するプロセスがある点だ。サーバー側が平文認証を要求してきてもクライアント側の設定で認証方式を絞っておけば，セキュリティを高められる。

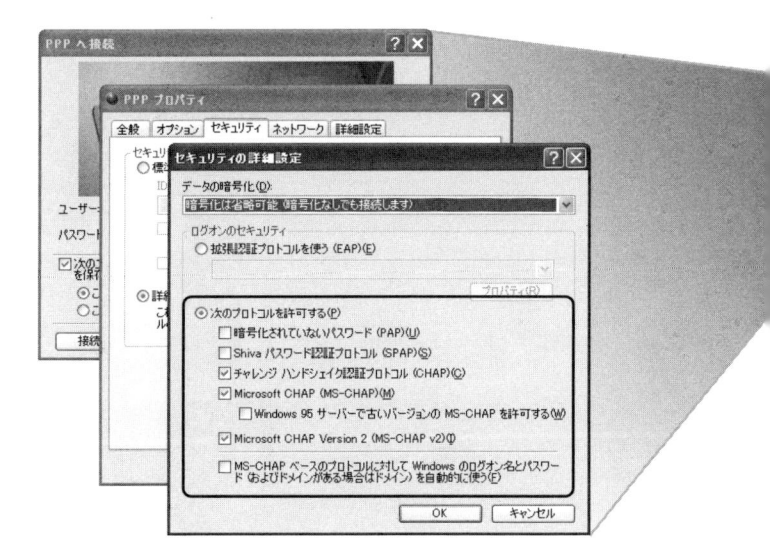

いろんな方式が使える

PPPはモジュール構造のプロトコルで，認証の機能は標準の方式以外にもいろいろ使える（図3-9）。そのため標準で使えるPAP，CHAP◆といった方式のほか，独自に拡張したプロトコル◆を使うこともある。ただ，ダイヤルアップで主に使うのはPAPとCHAPである。前者は平文認証，後者がチャレンジ・レスポンス認証になる。

PPPの認証機能でユニークなのは，どの認証方式を使うか

PAP，CHAP
PAPはpassword authentication protocol，CHAPはchallenge handshake authentication protocolの略。

拡張したプロトコル
マイクロソフトが拡張したMS-CHAP，MS-CHAP Version 2などがある。

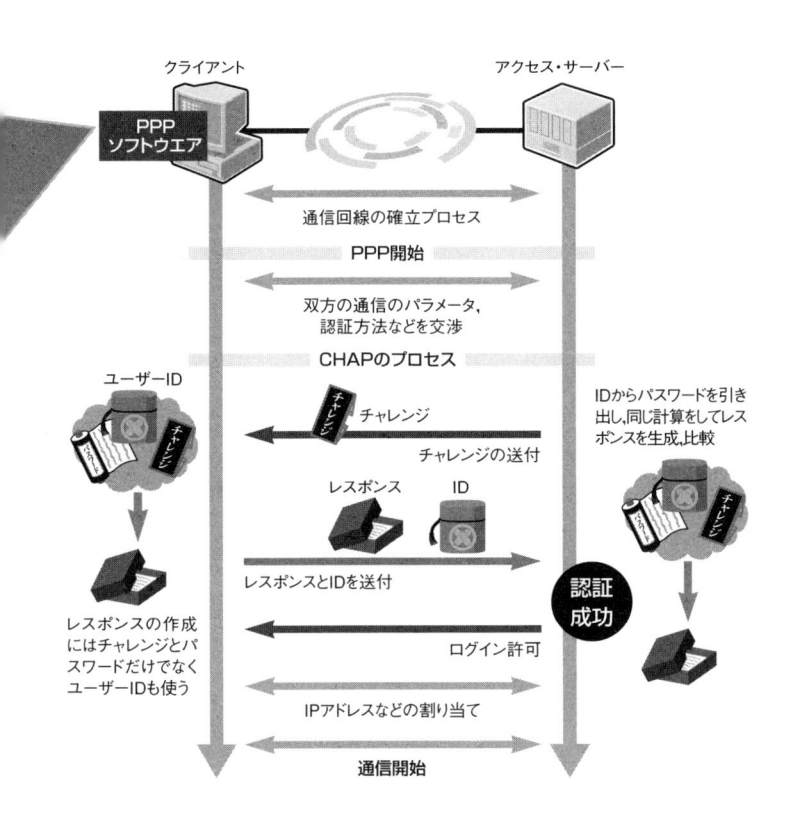

を通信の途中でお互いに交渉（ネゴシエーション）する機能がある点だ。PPPの通信が始まると，双方で「使いたい認証方式」を通知し合い，双方が使える認証方式を選ぶしくみになっている。

例えば，WindwsXPのPPPクライアント機能では，認証方式としてPAP，SPAP☛，CHAP，MS-CHAP，MS-CHAPv2が使える（図3-9中の画面写真参照）。ここで，設定パネルで安全性の低いPAPやSPAPのチェックを外しておけばセキュリティ強度を上げられる。こういう設定にしておけば，PPPのネゴシエーションの過程でサーバーがPAPの利用を提案してきても拒否するので，必ずPAP以外の認証方式☛が選ばれるようになる。

では，PPPのCHAPのプロセスを見ておこう。認証のプロセスが始まると，まずサーバー側からチャレンジが送られてくる。これを受けたクライアントはチャレンジ，ユーザーID，パスワードの三つをこの順番につないだ文字列を作り，MD5ハッシュに掛けてレスポンスを作成する。このレスポンスをユーザーIDと共にサーバーへ送付して認証を求めるわけだ。

APOPと異なり，レスポンスを作成するためにユーザーIDが加えられているのは，セキュリティを高めるためだ。単純にチャレンジとパスワードをつなぐより，ハッシュに掛ける文字列の文字数やバリエーションを増やせるので，安全性が高くなるという理屈である。

SPAP
shiva password authentication protocolの略。

PAP以外の認証方式
アクセス・サーバーがPAPしかサポートしていなければ認証できなくなるが，そういうことはまずない。

Webアクセスでの認証
HTTP, SSL, あるいは独自方式

　WebサイトにアクセスするとIDとパスワードの入力を求められるケースは多い。例えば，会員制のポータル・サイトやショッピング・サイト，掲示板といったサービスを使うときがそうだ。
　そこで次は，Webベースのパスワード認証がどういうしくみで動いているのか見ていこう。

IDとパスワードを使う方式は3種類
　Webブラウザ上でIDとパスワードを入力する画面のスタイルは，大きく二つに分かれる。
　一つめのタイプは，IDとパスワードを入力するウインドウがポップアップするもの。もう一つのタイプは，Webページ内にIDとパスワードを入力するフィールドが表示され，そこに入力するものだ。
　実は前者と後者では入力された情報を扱う方法がまったく違う。前者のポップアップ画面に入力する方式は，HTTP 1.0と1.1で規定されている標準の手法。ただ，入力したデータを扱う方法は2種類ある。一方がベーシック認証，もう一方はダイジェスト認証と呼ばれている。名前から想像できるとおり，前者が平文認証，後者がチャレンジ・レスポンス認証である。
　一方，Webページ内のフォームにIDとパスワードを入力するケースでは，情報をどう扱うか自体がサービス提供者の独自仕様になっている。まともな商用サイトではページにプログラムを埋め込んでチャレンジ・レスポンス認証を使うのが普通になっている。

HTTP
hypertext transfer protocolの略。Webアクセスに使うプロトコル。

「認証失敗」から処理がスタート

では,ポップアップ画面が表示されるタイプの認証から見ていこう(図3-10)。

Webブラウザでパスワード認証が必要なWebページにアクセスすると,Webサーバーはアクセスを拒否して「認証失敗」というメッセージを送り返す。このエラー・メッセージの中に「www-authenticate」という行があると,Webブラウザはパ

●図3-10　標準化されている2種類のWeb認証
Webサイトによってはアクセスするとログイン・ウインドウが表示されることがある。これはHTTPのエラー・コードをうまく使っている。見かけは同じだが,平文認証であるベーシック認証とチャレンジ・レスポンスを使うダイジェスト認証の2種類がある。

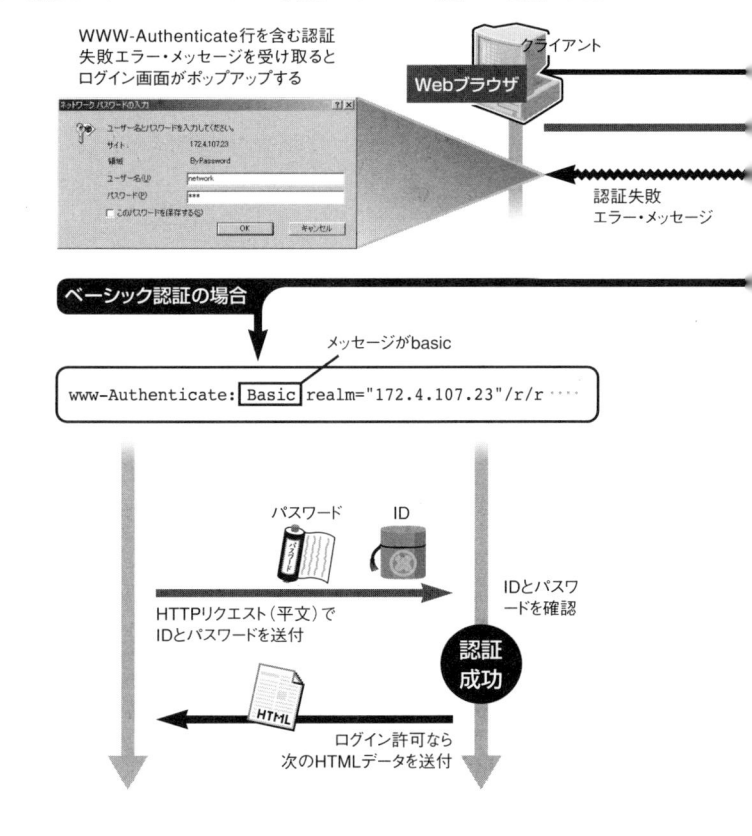

108

スワードの入力を促すポップアップ・ウインドウを表示する。

この機能はもともとHTTP1.0で規定されたもの。ベーシック認証では，ポップアップ画面に入力したIDとパスワードをそのまま平文✍でWebブラウザに送る。IDとパスワードが正しいものなら，要求したページのデータがWebサーバーから送り返されてくる。

ただ，これではパスワードが平文でインターネットを流れて

平文
正確には元テキストをBASE64エンコーディングしてから送る。

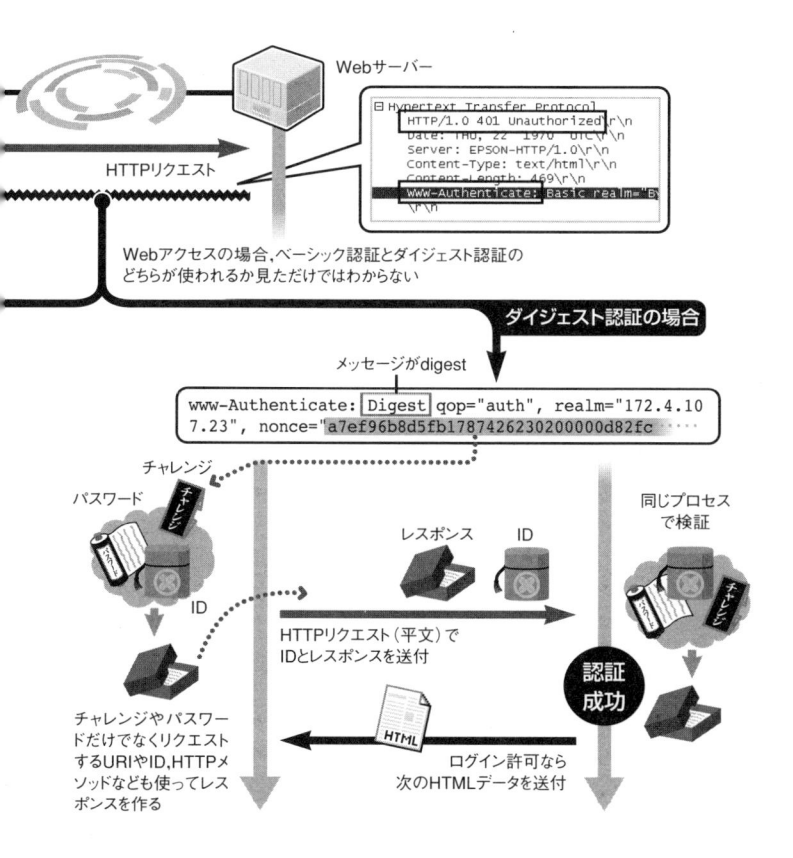

Webサーバー

HTTPリクエスト

```
Hypertext Transfer Protocol
 HTTP/1.0 401 Unauthorized\r\n
 Date: THU, 22 1970 UTC\r\n
 Server: EPSON-HTTP/1.0\r\n
 Content-Type: text/html\r\n
 Content-Length: 469\r\n
 WWW-Authenticate: Basic realm="B
 \r\n
```

Webアクセスの場合，ベーシック認証とダイジェスト認証のどちらが使われるか見ただけではわからない

ダイジェスト認証の場合

メッセージがdigest

```
WWW-Authenticate: Digest qop="auth", realm="172.4.10
7.23", nonce="a7ef96b8d5fb1787426230200000d82fc ……
```

チャレンジ

パスワード

ID

レスポンス

ID

同じプロセスで検証

HTTPリクエスト（平文）でIDとレスポンスを送付

認証成功

ログイン許可なら次のHTMLデータを送付

チャレンジやパスワードだけでなくリクエストするURIやID，HTTPメソッドなども使ってレスポンスを作る

しまい危険だ。そこで，HTTP1.1ではダイジェスト認証が追加された。

　ダイジェスト認証に対応したWebサーバーは「www-authenticate」行の後半に「digest」の文字と認証に使うチャレンジ（nonce）を付けてWebブラウザに送り返す。これを受け取ったWebブラウザは受け取ったnonceを基にレスポンスを計算する。

　レスポンスの計算に使う情報は，nonceとパスワードだけではない。ユーザーIDはもちろん，さまざまな情報を使って複数回ハッシュ演算する複雑な計算をする。こうして計算したレスポンスとIDなどの情報をWebサーバーに送り，認証を要求する。認証に成功すれば，あとはベーシック認証と同じである。

　ここで覚えておきたいのは，見た目ではベーシック認証とダイジェスト認証の区別がつかないこと。どちらの手順を使うかは，ポップアップ画面が表示された後に決まるからだ。

　とはいえ，実際はダイジェスト認証はほとんど使われていない。なぜならメジャーなWebブラウザが長らく対応していなかったからだ。Windows版のInternet Explorerが対応したのはバージョン5.0のことなのだ。

JavaScriptを使うこともある

　次はWebページ内のフォームにIDとパスワードを入力するタイプの認証を見てみよう。入力ウインドウはHTMLの標準的なフォームを使っており，そのままではフォームに入力された情報が平文でWebサーバーに送られてしまう。これではセキュリティ上よろしくないので，JavaScriptを使ってチャレンジ・レスポンス機能を組み込むのが一般的だ（図3-11）。

　JavaScriptはWebブラウザ上で実行するプログラム用の言語。こうしたプログラムはWebページのデータに埋め込まれて

複雑な計算をする
パラメータとして使うのは，チャレンジ（nonce）のほかに，①ユーザーID，②アクセスする領域名（realm），③パスワード，④HTTPリクエストのメソッド，⑤リクエストするページのURI——といった情報。①〜③と④，⑤をそれぞれつないで別々にMD5のハッシュ関数に掛け，さらにそれらの結果の間にチャレンジを挟んで再びMD5のハッシュ関数に掛ける。

送られてくる。IDとパスワードを入力してログイン・ボタンをクリックすると，JavaScriptのプログラムが動き出し，フォームのデータを差し替えてレスポンスを計算し✐，IDとレスポンスをWebサーバーに送る。Webサーバー側でも同じ計算をしてレスポンスを算出し，受信したレスポンスと一致したら要求されたページを返す。

この技術で注意すべきなのは，Webブラウザの設定で

> **レスポンスを計算し**
> このときどうやって計算するかはサイトによって異なる。チャレンジとして使うデータもいろいろだ。ただ，プログラム自体がJavaScriptで書かれているために，HTMLソースを見るとどんな計算をしているかは一目瞭然である。

●図3-11　Webページのフォームに入力するタイプではJavaScriptを使う
HTML内に埋め込まれた入力ウインドウを使うと，そのままでは平文認証になってしまう。そこで商用サイトの多くではHTMLデータにJavaScriptのプログラムを埋め込んでチャレンジ・レスポンスを行うことでセキュリティを高めている。

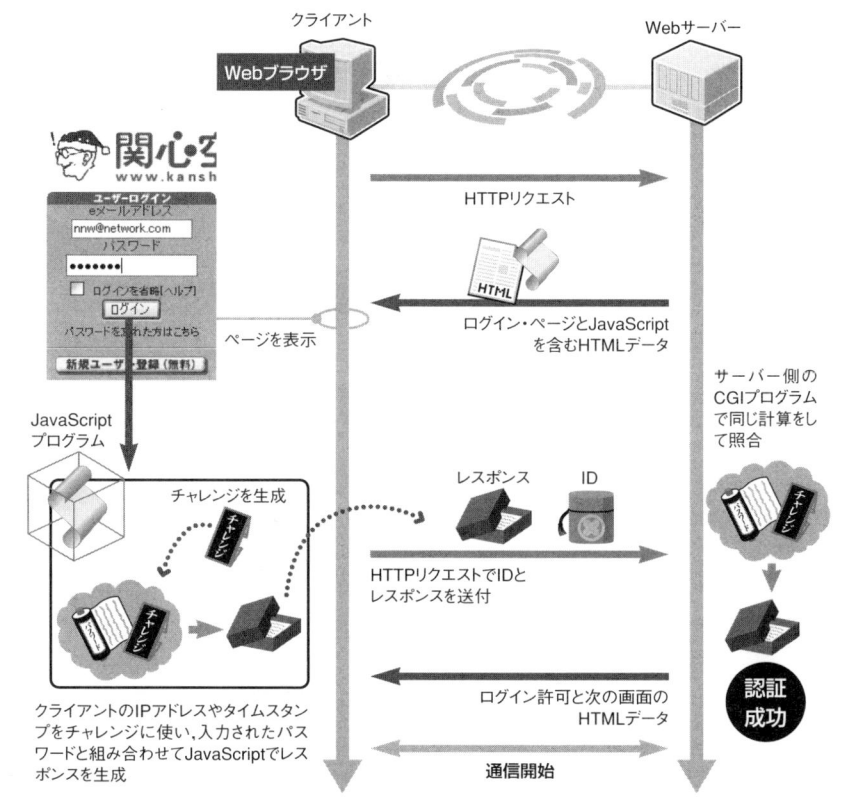

JavaScriptがオフになっているとチャレンジ・レスポンス認証が機能しない点だ。こうした場合，Webブラウザはフォームのデータを平文のままWebサーバーへ送る。IDとパスワードを平文で送っても認証はそのまま問題ない場合が多い✎が，セキュリティ面で問題がある。

SSLではユーザーがサーバーを認証

ここまで見てきたように，Webベースのパスワード認証の裏側はかなり心許ない。それでも大きな問題にならないのはSSL✎が普及しているからだ。商用のWebサイトでは，ユー

問題ない場合が多い
商用サーバーはJavaScriptをサポートしていないブラウザのユーザーも受け入れたいので，こうした実装になる。

SSL
secure sockets layerの略。トランスポート層で暗号化を行うプロトコル。米ネットスケープ・コミュニケーションズ社によって開発された。現在はTLS（transport layer security）としてIETFで標準化されRFC2246にまとめられている。

●図3-12　SSLはディジタル署名でユーザーがサーバーを認証する
商用Webサイトなどで金銭の取引をするときのように高いセキュリティが必要な場合は，SSLと呼ばれる暗号通信が行われる。この最初のプロセスがディジタル証明書を使ったWebサーバーの身元確認である。

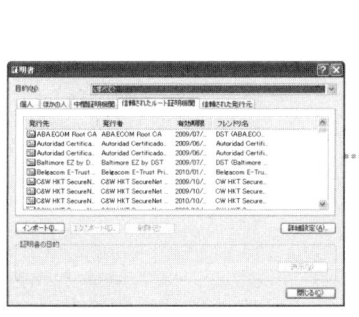

実際のWebブラウザはいくつものディジタル証明書（ディジタル署名を開く鍵）を最初から持っている

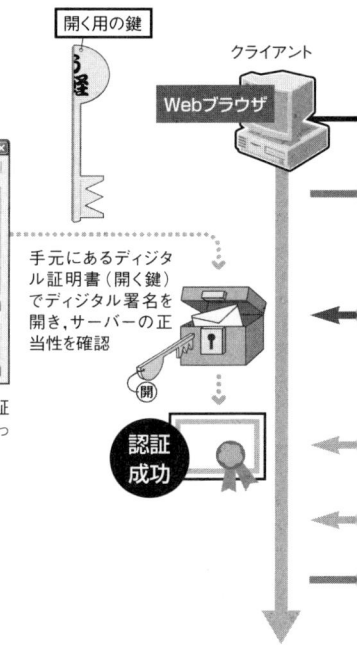

開く用の鍵

クライアント
Webブラウザ

手元にあるディジタル証明書（開く鍵）でディジタル署名を開き，サーバーの正当性を確認

認証成功

ザーの個人情報やクレジットカードの番号といった重要な情報をユーザーとやりとりするときはSSLを使う。SSLはWebベースの暗号通信であると同時に、「3-1 原理」の最後で見たディジタル署名による認証技術でもある。

SSLのプロセスでは最初にユーザーがサーバーを認証する。暗号通信する相手のWebサーバーが、重要な情報を送っても問題ない正しいサーバーかどうか、ユーザー側で確認するのである（**図3-12**）。

プロセスは簡単。SSLの接続要求があると、Webサーバーはあらかじめ持っている閉じる用の鍵でディジタル署名を作成

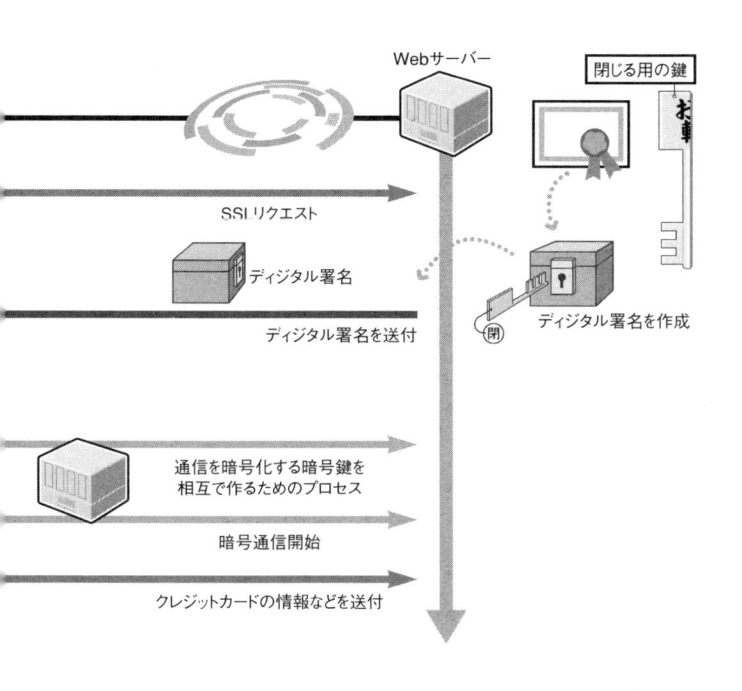

して送る。これを受け取ったWebブラウザは手持ちの開く用の鍵で署名を開き，正しいサーバーかどうか確認する。

　ここでのポイントはだれが鍵を作るかという点。SSLのような用途では，ここまで見てきたような1対1の認証は役に立たない。なんだかわからないサーバーから受け取った「開く用の鍵」でそのサーバーのディジタル署名を認証できても，相手が信頼に足るという証明にはならないからだ。

　そこでSSLで使われるディジタル署名はCA（認証局）と呼ばれる第三者機関によって保証することになっている。認証局はまず鍵のペアを作る。片方の鍵は商用サイトの運営者に渡され，ディジタル署名を作るために使われる。もう一方の鍵はWebブラウザに最初から組み込まれる。これらをディジタル証明書と呼ぶ。

　こうしておけば，SSL接続の際に送られてくるディジタル署名でユーザーはCAの保証が確認できる。つまりその商用サイトはCAが保証した企業の運営とわかるから，安心してクレジットカードの情報を送れる。こうした枠組みは第三者認証と呼ばれている。

CA（認証局）
CAはcertificate authorityの略。電子証明書の発行サービスを請け負う機関。この業務を行っている企業としては米ベリサインなどが有名。

腕試しクイズ

問題 送受信データを暗号化したり，電子証明書などに利用される公開鍵暗号として有名なRSAの名前の由来はどれでしょうか。

【下記の中から選択】
1. 暗号方式を開発した3人の名前の頭文字を論文の記載順に並べた
2. 暗号方式を開発した南アフリカ共和国の略
3. 標準化した非営利団体Research Secure Associationの略
4. 暗号方式を開発した人のイニシャル
5. 暗号方式を開発した会社の名前

電子商取引などに広く利用されているRSA暗号のアルゴリズムは，1977年に米マサチューセッツ工科大学（MIT）のレン・エードルマン（Len Adleman），ロン・リベスト（Ronald Rivest），アディ・シャミア（Adi Shamir）の研究グループによって開発されました。RSAの名は，この三人の名前の頭文字を並べたものです。アルファベット順でないのは，研究成果を論文にまとめる際に，エードルマンが自分の名前の記載を後ろにするようにと，申し出たためだと言われています。

RSA暗号は世界で最初に発表された公開鍵暗号です。公開鍵暗号というのは，二つの鍵をペアにして使います。一方を公開鍵と呼び，第三者に広く公開します。もう一方は秘密鍵と呼び，ほかには公開しないで自分だけで保持します。この二つの鍵のペアには，一方の鍵で暗号化したデータは，もう一方の鍵でしか復号化できないという性質があります。

そこで，誰かがAさんにだけわかる秘密のデータを送るとき，Aさんの公開鍵でデータを暗号化します。これを受け取ったAさんは，自分だけが持っている秘密鍵でデータを復号すれば，秘密のデータが取り出せるわけです。これが公開鍵暗号を使った暗号通信のやりとりです。

また，逆にAさんが自分の秘密鍵でデータを暗号化して送ると，これを受信した第三者はAさんの公開鍵を使って受信データを正しく復号できます。これにより，Aさんしか持っていない秘密鍵で暗号化されたデータを受信したことが確認でき，送信元がAさんだとわかります。つまり，暗号通信とは逆の鍵の組み合わせを使えば，相手を認証するディジタル証明書（電子証明書）として利用できるのです。

なお開発者の三人は，1982年にRSA暗号を商用化するためにRSAデータ・セキュリティ（現在はRSAセキュリティ）社を設立しました。同社はMITが1983年9月20日に取得したRSA暗号の特許を独占的に利用できる権利を持っていました。特許が2000年9月に失効したのにともない，現在ではRSA暗号はパブリック・ドメインになり，誰でも自由に使えるようになっています。

Q&A

問1 Windowsで勝手にサーバーにつながるのはなぜですか？

Windowsパソコンをネットワークで使っていると，サーバーにIDとパスワードを送った覚えがないのに，ファイル・サーバーなどにアクセスできてしまうことがあります。その一方で，毎回IDとパスワードの入力を要求するサーバーもあります。この違いはなぜ起こるのでしょうか？

Windowsパソコンがネットワークのサーバーにログインするときに使う認証方式は1種類ではありません。クライアントとサーバーが1対1の関係ならWindowsXPは3種類♠ある方式のどれかを使います。パソコンはサーバーにアクセスするときに，使える認証方式を伝え，サーバーはそこから自分の使える最も安全性の高い方式を選んで使います。

基本はチャレンジ・レスポンス

どの方式でも基本♠はチャレンジ・レスポンス認証です（図3-A）。パソコンは，サーバーから送られてきたチャレンジにパスワードなどのデータを加え，決められた計算でレスポンスを作って送り返します。サーバー側でも同じ計算を行い，合えば認証が成功し，アクセスが許可されるわけです。

選ぶ認証技術によって安全性が違うのはレスポンスを計算する方法が異なるからです。関数一つをとっても，安全性が高いと言われるNTLMv2認証ではMD5ハッシュを使いますが，NTLM認証ではMD4ハッシュ，LM認証ではDES♠が使われます。

パソコン用のIDとパスワードを流用

ほかのネットワーク認証と同様に，Windowsでもサーバーにアクセスするときは，最初に認証のプロセスを実行します。では，なぜ質問にあるようにIDとパスワードを入力しなくてもアクセスできるサーバーがあるのでしょうか。それは，Windowsパソコンがサーバーにアクセスするとき，最初に自分の知っているIDとパスワードを使ってアクセスを試みるからです。

「知っているIDとパスワード」とはWindowsNT/2000/XPなら，パソコンへのログインに使ったユーザー名とパ

スワードです。Windows95/98/Meでは起動時に表示される「ネットワークパスワードの入力」画面で入力したIDとパスワードになります。

Windowsパソコンは，サーバーへアクセスするとき，まずこうしたIDとパスワードを使ってレスポンスを作り，ログインを試みます。成功すればそのままです。失敗した場合にだけ，IDとパスワードの入力画面を表示するのです。

3種類
Windows2000ServerやWindows Server 2003を使い，Active Directoryとドメイン認証をサポートする環境なら，Kerberos（ケルベロス）認証も使えるので正確には4種類の認証方式に対応している。残りの三つはセキュリティの低い順に，LM認証，NTLM認証，NTLMv2認証と呼ばれる。

基本
古いバージョンのSambaを使ったUNIXベースのファイル・サーバーにアクセスするときは，平文認証を使うケースもある。

DES
data encryption standardの略。

●図3-A　Windowsのクライアントはまず自分のIDとパスワードでログインする
Windowsではサーバーにアクセスする際に勝手にログインできたり，ログイン・ウインドウが表示される場合がある。これはWindowsがマシンのログインに使ったIDとパスワードを覚えており，とりあえずそれを使って認証を試してみるからである。

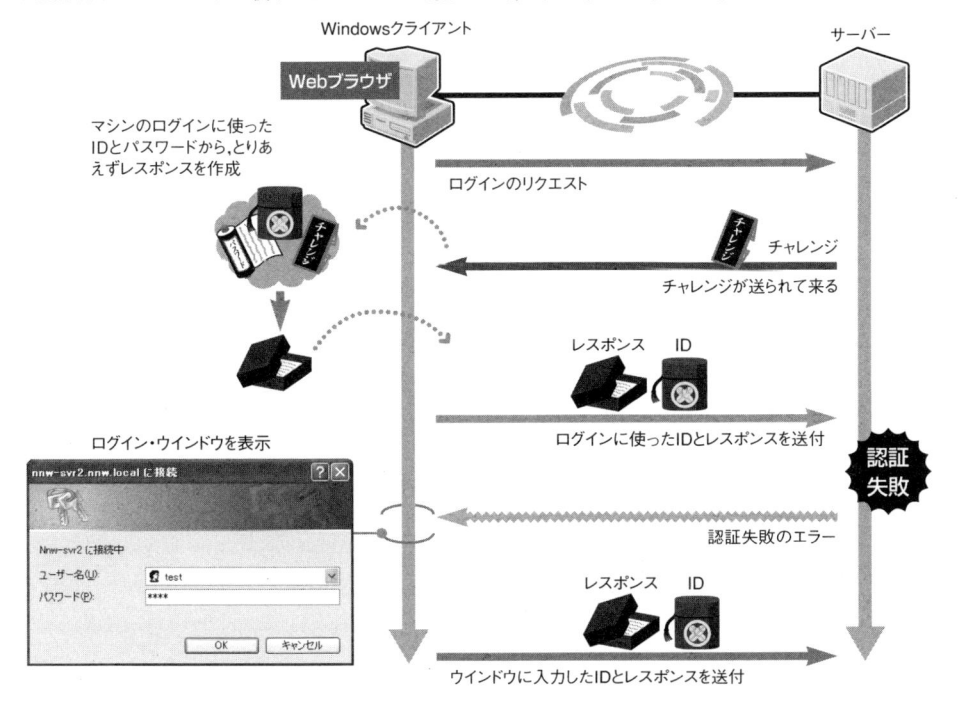

Q&A

問2 Webサイトにパスワードを覚えさせても大丈夫でしょうか?

IDとパスワードの入力が必要なWebページにアクセスしたはずなのに,「ようこそ○○さん」などと表示されてビックリすることがあります。画面をみると最初からログインした状態です。これではパスワード認証の意味がないんじゃないですか?

結論から言うと,「まぁ安全です」。少なくともWebブラウザが毎回勝手にIDとパスワードを平文のまま送って,認証処理を実行しているというわけではありません(図3-B)。

期限付きチケットを持っている

こうしたWebサイトはCookieとい

●図3-B Cookieにパスワードは書かれていない

会員制サイトなどでIDとパスワードを入力していないのに,表示されたページがログイン状態になっていることがある。こうしたしくみはCookieを使っており,サーバー側が発行した管理番号が書かれている。

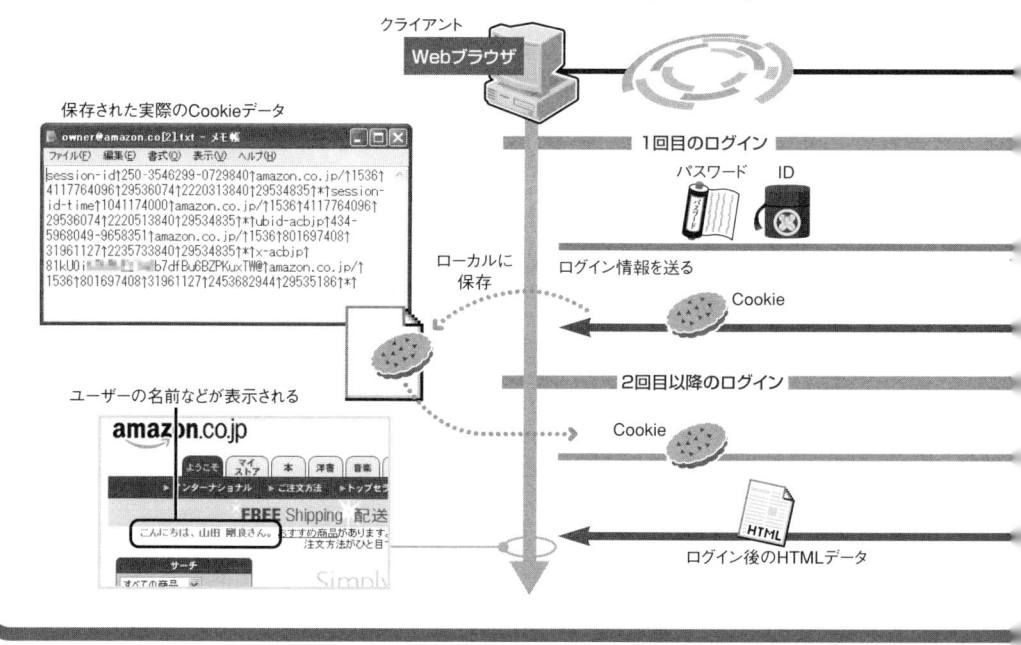

うしくみを使っています。最初のログインの際にはWebブラウザからIDとパスワード（もしくはレスポンス）を送ります。ログインに成功すると，Webサーバーはブラウザに，ある管理番号の入ったデータを送ってきます。

この管理番号はサーバー側でユーザーのアクセス履歴情報を管理するために発行する番号です。ランダムな番号が選ばれるうえ，一部が暗号化されているので，ユーザーが開いてみても意味はわかりません。また，最近の商用サイトではユーザーIDやパスワードをそのままCookieに入れるような実装はナンセンス🖝とされています。

2度目以降のアクセスの際は，Webブラウザは保存していたCookieを送ります。Cookieを受け取ったサーバーが管理データベースを参照して該当する履歴を見つけると，あなたが再びアクセスしたとわかるのです。

つまりWebサーバーもブラウザもパスワードを覚えているわけではなく，前回あなたがアクセスした事実を覚えているわけです。CookieはWebサーバーが発行する再入場切符のようなものだと考えればいいでしょう。

ただ，Cookieのデータそのものを盗まれて使われると，他人でも接続が再現できてしまうことがあります。そこでCookieによる自動ログインには，期限を設けられています。

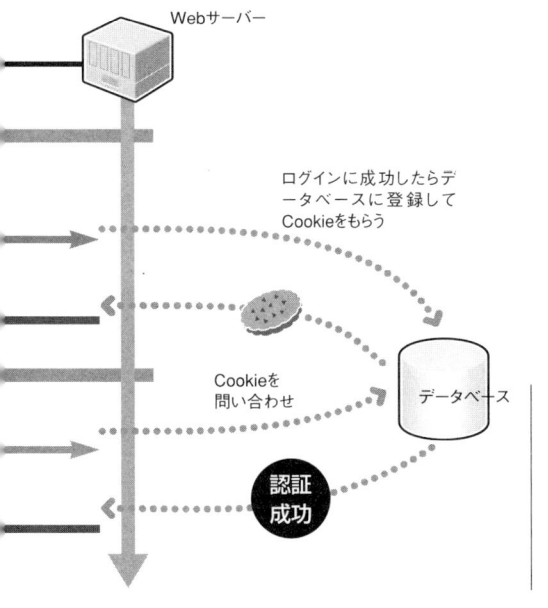

Cookie
Webサーバーがユーザーを管理し，識別するためのしくみ。サーバーが生成した文字列をユーザー側に送り，次のアクセス時にブラウザがサーバーにその文字列を送ることで認証する。

実装はナンセンス
Cookieの技術が登場した当初は，IDやパスワードをCookieにそのまま書き込むような実装も存在した。当時はCookieの使い方やセキュリティ的な問題点がきちんと把握されていなかったためだ。

Q&A

問3 全国どこでも同じIDとパスワードが使えるのはなぜですか？

出張などで別の土地に出かけ，初めて使うアクセス・ポイントにつないでも，いつもと同じIDとパスワードでインターネットを利用できますが，これはどうしてなんですか？ 日本全国のすべてのアクセス・ポイントに全ユーザーのIDとパスワードのデータベースが置かれているのでしょうか？

ダイヤルアップ接続では，パソコン（正確にはPPPクライアント）が通信している先は各プロバイダのアクセス・ポイントにあるアクセス・サーバーです。認証もアクセス・サーバーとの間で行います。ということは，全国すべてのアクセス・ポイントにあなたのIDとパスワードの情報が保存されていると思ってしまうかもしれませんが，そんなことはありません。

●図3-C 実はIDとパスワードだけを管理するデータベースがある
大きなプロバイダなどではIDとパスワードだけを管理するサーバーを置き，ログイン情報はそこで集中的に管理する。アクセス・サーバーはユーザーからのアクセスがあるたびに内部のネットワークを使って問い合わせを転送する。

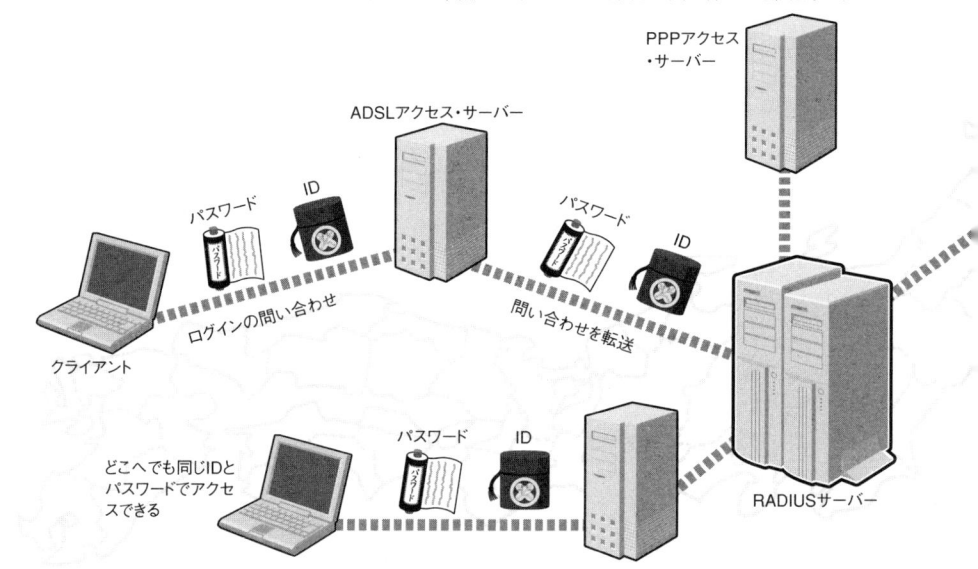

IDとパスワードだけ集中管理

通常，プロバイダでは全ユーザーのIDとパスワードを専用のデータベースで集中管理しています。各地のアクセス・ポイントにおかれたアクセス・サーバーはユーザーからアクセスがあると，センターのデータベースに問い合わせ，認証プロセスを委託するしくみになっています。このシステムはRADIUS✒と呼ばれています（図3-C）。

ADSLやFTTH✒のサービスを使っているユーザーが，外出先からダイヤルアップでプロバイダに接続するときに同じIDとパスワードが使えるのも，プロバイダが同じRADIUSサーバーでユーザーを管理しているからです。ADSLなどでは，電話局に置かれた装置がプロバイダのRADIUSサーバーへユーザーのアクセス情報を転送して認証します。海外ローミングもしくみはまったく同じで，海外から日本までアクセス情報を転送するのです。

認証の処理を集中管理するメリットは単に，管理の手間を省けるだけではありません。RADIUSサーバーでユーザーのアクセス状況を集中管理できるということは，どのユーザーがどこからどれくらいの時間アクセスしたかが把握できます。

つまり，これを元に課金ができるのです。プロバイダが毎月ユーザーに正しい請求書を送れるのは，RADIUSを使っているからなのです。

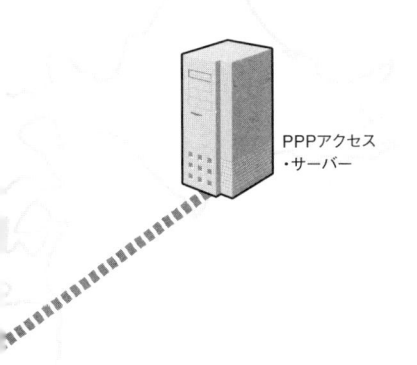

PPPアクセス・サーバー

RADIUS
remote authentication dial in user serviceの略。RFC2138で規定されている。

FTTH
fiber to the homeの略。光ファイバを家庭まで引くインターネット接続サービス。

Part4
IPsec完全制覇

暗号通信の代表とも言えるIPsec。家庭向けのブロードバンド・ルーターなどにも搭載されるようになり，いっきに身近になってきた。現実に即した技術だけに的を絞り込み，入門から実践まで，IPsecを完全に制覇してしまおう。

4-1 オリエンテーション　LAN同士をつなぐために安全なトンネルを作る…p.124

4-2 予習　ひと目でわかるIPsec……………………………………………p.134

4-3 必修　5ステップで根本から理解，これだけ押さえれば完璧だ……p.138
　　第1講　トンネルの識別 ………………………………………………p.140
　　　　腕試しクイズ：IPパケットをヘッダーごと暗号化するモードはどれ？………p.145
　　第2講　パケットの検証 ………………………………………………p.146
　　第3講　通信相手の認証 ………………………………………………p.149
　　第4講　暗号鍵の交換 …………………………………………………p.152
　　第5講　トンネルの作成 ………………………………………………p.155

4-4 演習　使っていると出会うトラブル，その原因と対策を明らかにする…p.161
　　例題1　パケット長問題 ………………………………………………p.161
　　例題2　NAT越え問題 …………………………………………………p.166
　　例題3　アドレス重複問題 ……………………………………………p.171

4-1 オリエンテーション
LANパ同士をつなぐために安全なトンネルを作る

「IPsec」という用語は，どこかで耳にしたことがあるだろう。IP security protocolの略で，インターネットの基盤プロトコルであるIPに，セキュリティ技術を加えたものだ。

現実に即した技術にフォーカス

IPsecは，認証，鍵交換，暗号などの複数のセキュリティ技術を組み合わせて，広い範囲をカバーしている。しかも，それぞれのセキュリティ技術は奥深い。一朝一夕に，これらすべてを理解するのは難しい。

でも大丈夫。実際の機器が利用している部分だけにフォーカスすれば範囲が絞れる。IPsecの仕様は，実際の機器が採用していないモードやプロトコルも含んでいる。ここでは，こうした部分を無視して，現実に即した技術だけを見ていく。

ここでは，記事を講義風にして解説を4段階に分けた。最初の「4-1 オリエンテーション」で，IPsecの概要と用途をざっと見わたす。次に続く「4-2 予習」では図を見ながらIPsecの基本を確認する。そのあとの「4-3 必修」へ進む予習を兼ねている。「4-3 必修」では，IPsecを根本から解説する。インターネットのような誰でも簡単にアクセスできるネットワークを介し

て，IPパケットをいかに安全にやりとりできるようにしているかがわかるだろう。最後には「4-4 演習」として，実際にIPsec対応機器を使うときに陥りやすい問題と対策を紹介する。

それでは，さっそく教授にオリエンテーションを始めてもらおう。

仮想的なトンネルを作る

> IPsecとはトンネルを作るしくみだ。そして，暗号化したIPパケットをトンネルに通すことで安全を確保する。まずは，この点を確認しておこう。

IPsecはインターネットなどに，仮想的なトンネルを作るプロトコルである（**図4-1**）。

●図4-1　仮想的なトンネルでLAN同士をつなぐIPsec
IPsecを使えばIPパケットを安全にやりとりできる。ゲートウエイ装置やクライアント・ソフトウエアで実現する。

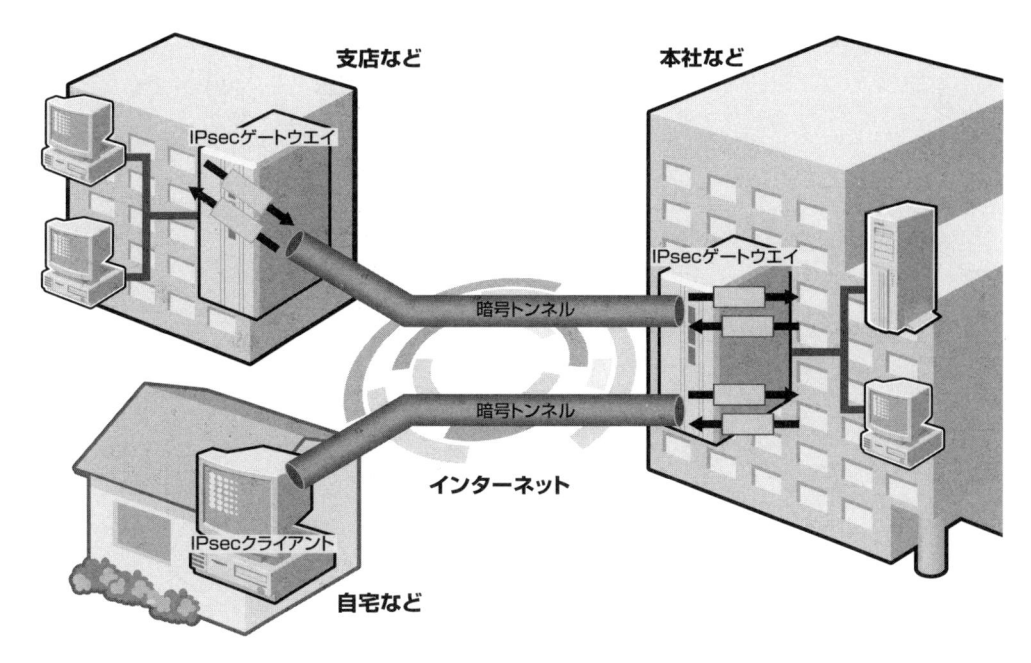

インターネット上の2地点間に仮想的なトンネルを作り，そこにIPパケットを通すのである。トンネルは入り口と出口が1カ所しかない1本道だから，トンネルに転送されたパケットは，ほかからじゃまされることなく確実に出口に届く。多数のユーザーがアクセスし，いろんな種類のパケットが流れるインターネット上にIPsecでトンネルを作れば，自分だけの専用網のように使うことができる。いわゆるインターネットVPN☞である。

さらにIPsecでは，トンネルを通すパケットを暗号化する。仮想的なトンネルを通すといっても，現実にはトンネルの外のパケットといっしょにインターネット中を流れる。すると，パケットの中身が誰かに盗聴されるかも知れない。そこで暗号化によって，パケットの内容を見えなくするのである。

インターネットVPN
VPNは virtual private networkの略で，仮想閉域網などと訳される。インターネットを経由してLAN同士をつないだネットワーク，あるいはそのネットワークを作るための技術を指す。

●図4-2　IPsecの用途
LAN間接続やリモート・アクセスに使われる。

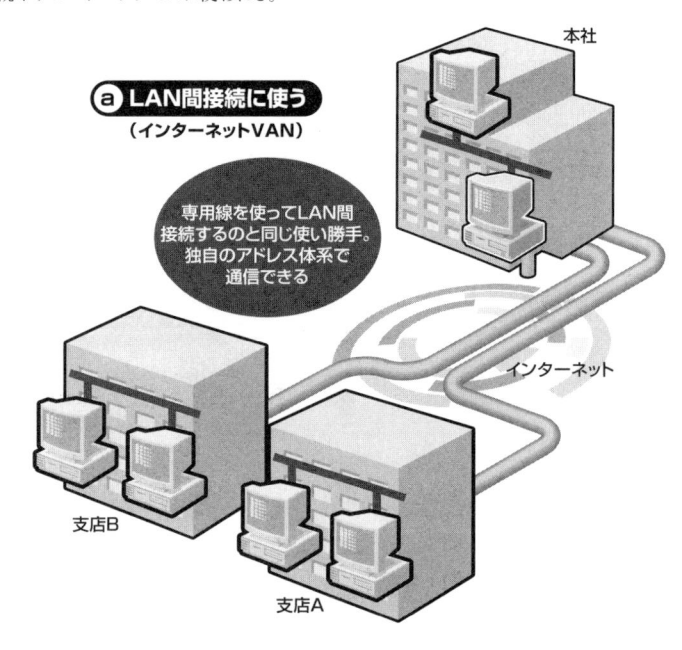

ⓐ LAN間接続に使う
（インターネットVAN）

専用線を使ってLAN間接続するのと同じ使い勝手。独自のアドレス体系で通信できる

本社
インターネット
支店B
支店A

LAN同士またはPCとLANをつなぐ

IPsecが作るトンネルの用途に話を移そう。用途としては大きく分けて二つあるぞ。

　IPsecが利用される場面は，大きく分けて二つある。LAN同士をつなぐLAN間接続と，外出先や自宅のパソコンと会社のLANをつなぐリモート・アクセスだ（図4-2）。

　LAN間接続とは，離れた拠点同士をインターネットで結ぶ使い方（図4-2a）。使い勝手は専用線とほぼ同じである。インターネットVPNを構築するわけだ。各拠点をADSLやFTTHなどのブロードバンド回線でインターネットと接続するようにすれば，月額1万円前後でLAN同士を安全につなぐことが

ADSLやFTTH
ADSLはasymmetric digital subscriber lineの略で，既存の電話回線（銅線）を使ってメガ・ビット/秒クラスの伝送速度を実現する技術。FTTHはfiber to the homeの略で，光ファイバを使って10Mあるいは100Mビット/秒の伝送速度を実現する技術。

月額1万円前後
ADSLやFTTHを使うインターネット接続サービスが月額数千円程度なので，2拠点に導入すると1万円前後になる。

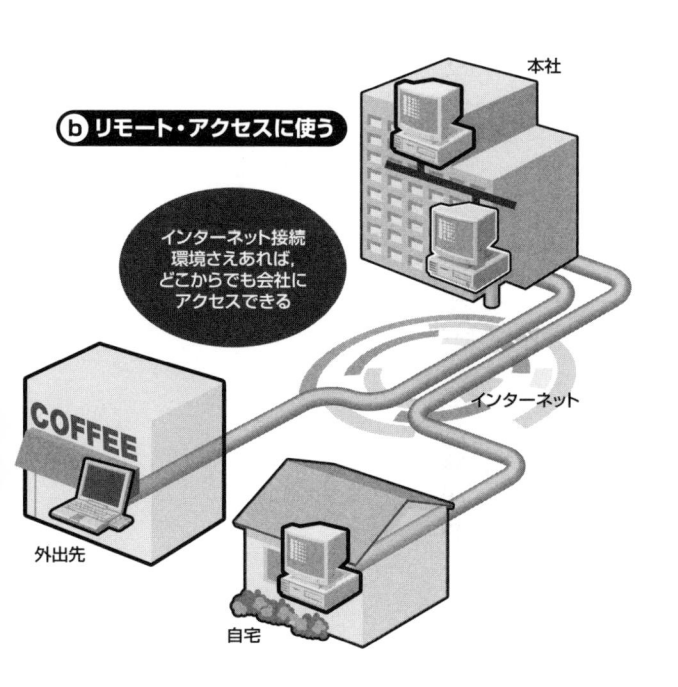

ⓑ リモート・アクセスに使う

本社

インターネット接続環境さえあれば，どこからでも会社にアクセスできる

インターネット

外出先

自宅

できる。

　実際にLAN間接続として利用するには，LANとインターネットの間にIPsecゲートウエイという装置を設置する。このゲートウエイがトンネルの入り口と出口になり，出入りするパケットの門番として働く。最近では専用装置だけでなく，IPsecゲートウエイ機能を内蔵したブロードバンド・ルーターも出てきている。安いものは1万円弱で購入できる。

　もう一つの用途であるリモート・アクセスとは，1台のパソコンをインターネットに接続し，会社のネットワークにアクセスする使い方だ（図4-2b）。会社のネットワークとインターネットの間にIPsecゲートウエイを設置し，リモート・アクセスするパソコン側に専用のクライアント・ソフトをインストールして使う。

●図4-3　カプセル化によってトンネルを作る
安全なトンネルを暗号化とカプセル化を組み合わせて実現する。

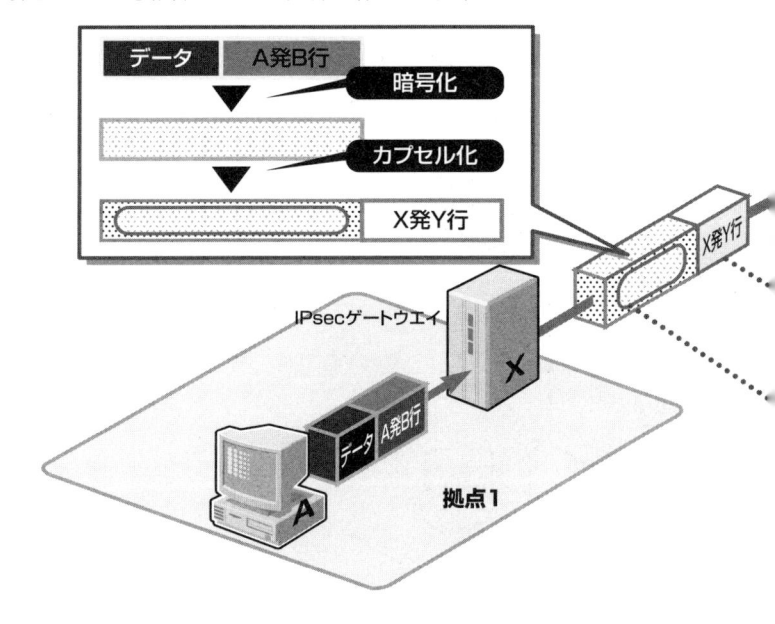

トンネルの実体はカプセル化

もう少し具体的な話をしよう。IPsecが作るトンネルとは，どんなものかという話だ。ここでカプセル化という用語の意味を押さえよう。

インターネットにトンネルを作るといっても，トンネルは仮想的なものである。その実体は，LANでやりとりしているパケットをカプセル化したものだ。具体的には，LAN側から受信したIPパケットをIPsecゲートウエイが別のIPパケットに包んでインターネットへ転送する（**図4-3**）。LANでやりとりしていたパケットを，インターネットでやりとりするIPパケットのデータとして扱うのである。そして，トンネル出口のIPsecゲートウエイがIPパケットのカプセル化をほどいて，LANでやり

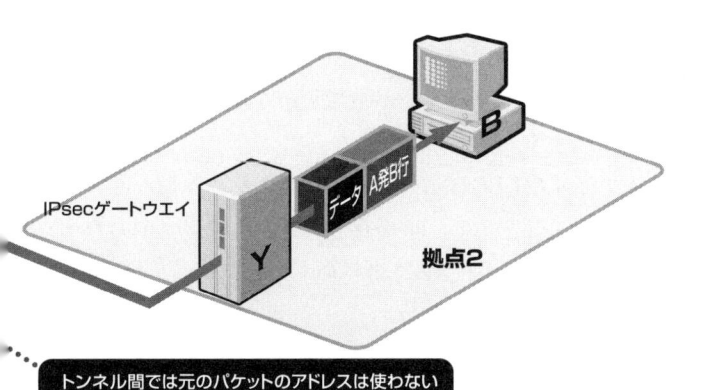

トンネル間では元のパケットのアドレスは使わない

パケットを見ても中身を解読できない

とりされていた元のパケットの状態に戻して転送する。

インターネット上でやりとりされるカプセル化されたパケットからみると，元のパケットは単なるデータになる。したがって，LANでやりとりしているパケットのあて先や送信元アドレスは，カプセル化されたあとは関係ない。つまり，LANではプライベートIPアドレス☞を使っていても，インターネットで中継できる。

ただし，単純なカプセル化では，通信内容の秘密は守れない。このため，IPsecでは元のパケットを暗号化してからカプセル化する（図4-3参照）。

暗号化には，暗号をかけるときと解くときで同じ暗号鍵を用いる共通鍵暗号方式を使う。DES，トリプルDES，AES☞などの暗号アルゴリズムが利用される。

もう一度，トンネルの両側でパケットを処理するIPsecゲートウエイの動きから，カプセル化を確認しておこう。

トンネル入り口のIPsecゲートウエイは，LANから受け取ったパケットを暗号化する。次に，トンネル出口のゲートウエイをあて先にしたIPパケットに，この暗号データを入れて（カプセル化して）転送する。

すると，トンネル出口のIPsecゲートウエイが，受信パケットからカプセル化をほどいて，暗号化されたパケットを取り出す。そのあとに送信側と同じ暗号鍵を使って復号し，LAN側に転送する。

認証と鍵交換でトンネルを作る

IPsec通信の大部分は，カプセル化と暗号化によってできるトンネルを通る。しかし，これだけではIPsecを理解したとは言えない。トンネルができるまでの流れも押さえておく必要がある。むしろ，こちらの方が重要だとも言えるぞ。

プライベートIPアドレス
インターネットと直接つながっていないネットワークで自由に利用できるIPアドレスのこと。10.0.0.0〜10.255.255.255，172.16.0.0〜172.31.255.255，192.168.0.0〜192.168.255.255の範囲のIPアドレスが定められている。

DES，トリプルDES，AES
DESはdata encryption standard，AESはadvanced encryption standardの略。DESは1976年に開発された56ビットの暗号鍵を使うアルゴリズム。トリプルDESは，DESの処理を3回繰り返すことで鍵の長さを168ビットにしたDESの強化版。AESは，2001年に標準化された暗号アルゴリズムである。

ここまでで見てきたように,IPsecは仮想的なトンネルを作って,実際にやりとりするパケットの安全を確保する。しかし,当然のことながら,トンネルは最初から出来上がっているわけではない。IPsecゲートウエイ同士でトンネルを作るための準備作業が必要なのだ(**図4-4**)。

その一つが認証だ。通信相手であるIPsecゲートウエイが本物かどうかをお互いに確認し合ったあとでなければ,安心してトンネルを作ることができないのは当たり前。そのための作業が通信相手の認証である。しかも,このデータのやりとりは,盗聴やなりすましの危険をはらんでいるインターネットを経由する。

また,トンネルの安全を確保するために使う暗号は共通鍵暗号方式を使うので,ゲートウエイ同士が同じ暗号鍵を持ち合う必要がある。この暗号鍵を両者の間で交換できないと✏,そもそもトンネルは作れない。

交換できないと
IPsecゲートウエイにあらかじめ暗号鍵を登録しておく方法もあるが,これだとユーザーが鍵を変更しないかぎり同じ鍵を使い続けるため,解読されやすくなる。このため実際の機器はほとんど採用していない。

●図4-4 IPsecトンネルができるまで
IPsecトンネルは初めからあるものではない。認証や暗号鍵の交換といった手順を踏んで作られる。

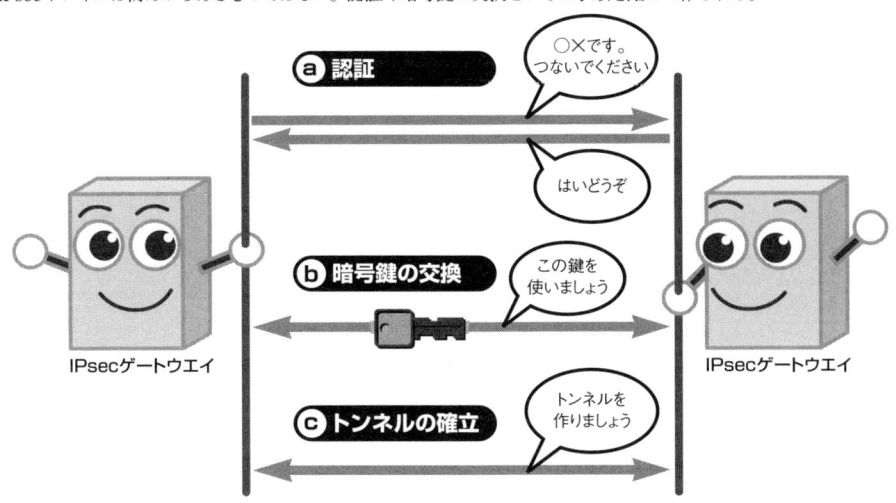

ⓐ 認証 — ○×です。つないでください / はいどうぞ
ⓑ 暗号鍵の交換 — この鍵を使いましょう
ⓒ トンネルの確立 — トンネルを作りましょう

IPsecゲートウエイ ⇔ IPsecゲートウエイ

つまり，認証と暗号鍵の交換が終わって初めてトンネルが作れるのである。この二つの作業をいかに安全に済ませるか。しかも，その間には安全ではないネットワークが介在する。ここがIPsecの腕の見せどころだ。

トンネル・モードとESPを押さえよう

実はIPsecには，2種類の動作モードがあり，それぞれに2種類のプロトコルが規定されている。つまり，合計4種類の異なる動作がある。だが，実際の機器が利用しているのは，一つだけだ。だから，この一つのしくみを習得すれば大丈夫だぞ。

実はIPsecには，2種類の動作モードと2種類のプロトコルが規定されている。

2種類の動作モードとは，トランスポート・モードとトンネル・モードだ。トランスポート・モードは，端末同士が1対1の関係で，やりとりするパケットのデータ部分だけに暗号を施したりする。

一方のトンネル・モードとは，ここまでで紹介してきたように，LANでやりとりされているパケット全体に暗号などを施し，外側に別のIPヘッダーを付加するカプセル化も加わる。VPNを構築するには，こちらしか使えない。このため，市販されているIPsecゲートウエイのすべてが，トンネル・モードを使っている。

2種類のプロトコルとは，ESP（イーエスピー）とAH（エーエイチ）という二つのプロトコルのこと。ESPが暗号化，送信元確認，およびデータの改ざん検出機能を提供するのに対して，AHには暗号化がない。IPsec規格の旧バージョンでは，ESPの送信元確認機能がAHに比べて弱かったため，両方のプロトコルを組み合わせて

ESP
encapsulating security payloadの略。RFC2406で規定されたプロトコル。データの暗号化，送信元確認，改ざん検出機能を備える。

AH
authentication headerの略。RFC2402で規定されたプロトコル。送信元確認や改ざん検出機能を備えるが，データを暗号化しない。

旧バージョン
現行バージョンは1998年11月に策定されたIPsec v2と呼ばれる。旧バージョンとは，これ以前に策定された規格のことを指す。

利用するケースもあった。しかし，現行バージョンでESPの弱点が改善された。このため，現在の機器はESPを使うのが前提になっている。

　したがって，現実に即したIPsec技術を習得するには，トンネル・モードでESPを使うケースだけを理解すればいい。ところが多くの解説書は，ほかの動作モードやプロトコルも同等に扱っている。余計な技術解説まで加わっているのだから，一筋縄で理解できるはずがない。ここでは，ほかの動作モードやプロトコルは無視して，トンネル・モードでESPを使うケースだけを見ていく。

4-2 予習
ひと目でわかる IPsec

●図4-5　実際には複数のトンネルが作られる
少なくとも，制御用，上り通信用，下り通信用の3本のトンネルが出来る。

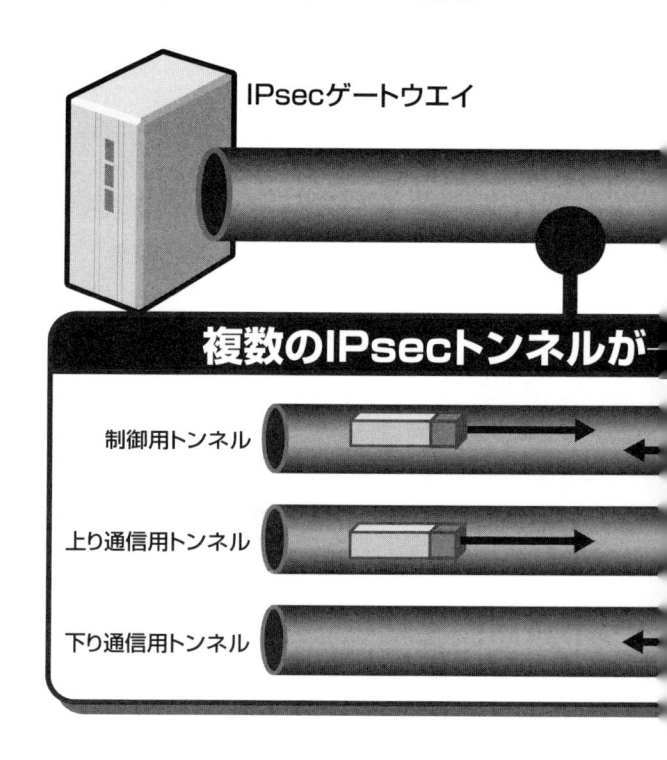

IPsecゲートウエイ

複数のIPsecトンネルが

制御用トンネル

上り通信用トンネル

下り通信用トンネル

「4-3 必修」に入る前に，IPsecの全体像を頭に入れておこう。

まずIPsecゲートウエイ間のトンネルに注目しよう。トンネルは1本で済みそうに思うかもしれないが，実は複数のトンネルを使い分けている。少なくとも制御用トンネル1本と，上りと下りの通信用トンネル1本ずつの合計3本が作られる（図4-5）。上りと下りで複数本ずつできることも多い。

また，IPsecのトンネルを使って通信が始まるまでには，①制御用のトンネルを作る，②実際の通信に使うトンネルを作る，③出来上がったトンネルで通信するという手順になる(pp.136-137の図4-6)。

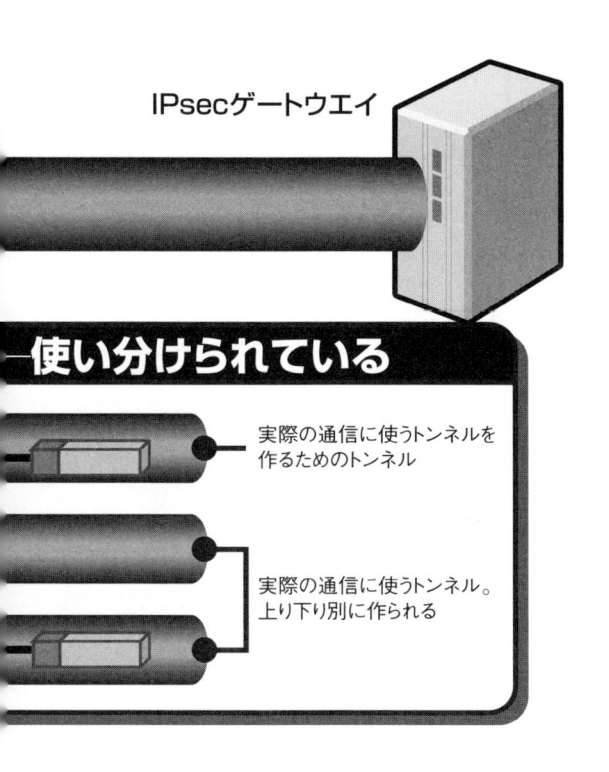

●図4-6 IPsecトンネルが出来上がるまで

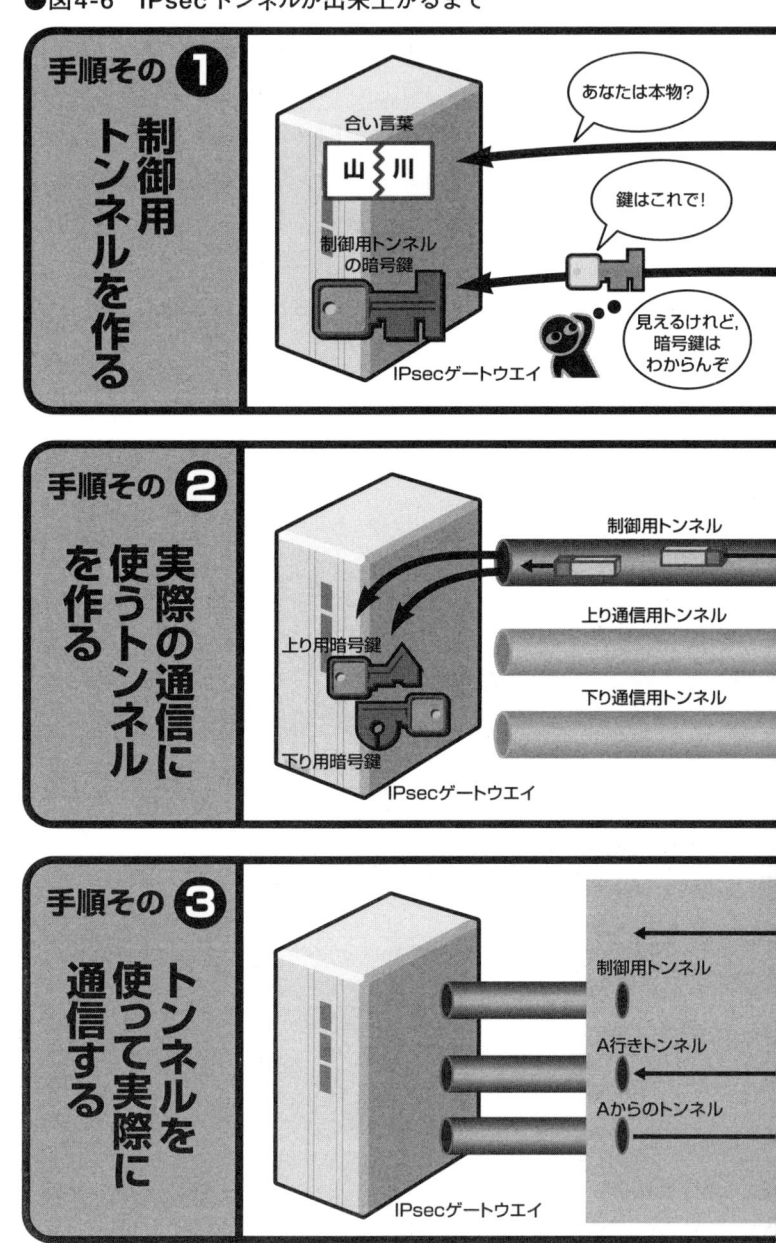

Part 4 IPsec完全制覇

安全に認証する
あらかじめ設定した認証用の合い言葉で互いに認証。合い言葉そのものは流さない

合い言葉
山〜川

制御用トンネルの暗号鍵

IPsecゲートウエイ

秘密を守りながら鍵を交換する
トンネルが出来ていない状態で、安全に共通の暗号鍵を作成する

通信用トンネルを作りましょう

上り用暗号鍵

下り用暗号鍵

IPsecゲートウエイ

安全に通信用トンネルを作る
制御用トンネルを使って安全に通信用トンネルを作る。暗号鍵も新たに作る

IPsecゲートウエイ

どこに転送する?

暗号化

復号

あやしくないか?

通信中はゲートウエイがパケットを処理する
暗号・復号処理のほかに、パケットの区別や整合性チェック、トンネルの管理などを行う

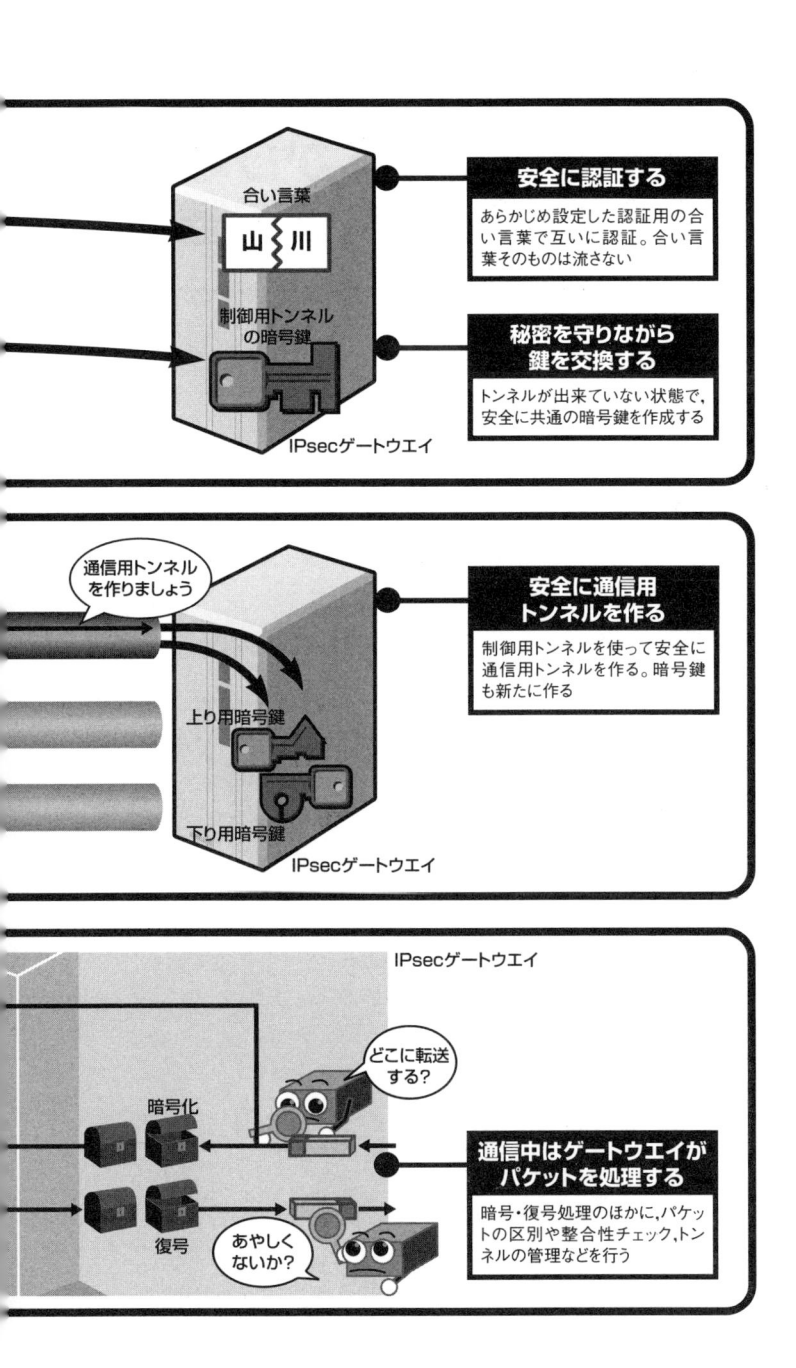

4-3 必修

5ステップで根本から理解
これだけ押さえれば完璧だ

予習は済ませてきたかな？ ここでは、「4-2 予習」に掲載したIPsecの全体像をベースに講義を進めるぞ。まずは、本講義のカリキュラムを紹介しておこう。すべての講義を修了すれば、IPsecのすべてが細部まで理解できるはずだ。

　この必修で取り上げる内容は五つ。最初の二つはトンネルの使い方に関係するしくみだ。そして後半の三つが、トンネルができるまでを解説する。本来の処理の流れからすると順番が逆になるが、取っつきやすい内容から解説することにした。

　簡単にそれぞれの講義の内容を紹介しておこう（図4-7）。第1講は、トンネルが複数あったとき、IPsecゲートウエイがそれをどのように区別するかを解説する。IPsecでは、1台のIPsecゲートウエイに同時に何本もトンネルが作られることがある。どんなときに複数のトンネルができ、ゲートウエイがそれらのトンネルをどのように区別するかを確認する。

　第2講は、IPsecゲートウエイがインターネット側から受信したパケットを検査する方法だ。正規のパケットと不正なパケットをどのように見分けるかを探っていく。

　第3講はIPsecゲートウエイ同士が互いに認証するしくみ。

そして第4講がトンネルに必要な暗号鍵を交換する方法だ。

最後の第5講は，第3講と第4講で得た知識を踏まえて，トンネルが作られる様子に詳しく迫っていく。どのような手順を経て，実際の通信ができる状態になるかを解説する。

●図4-7　五つのポイントを押さえていこう

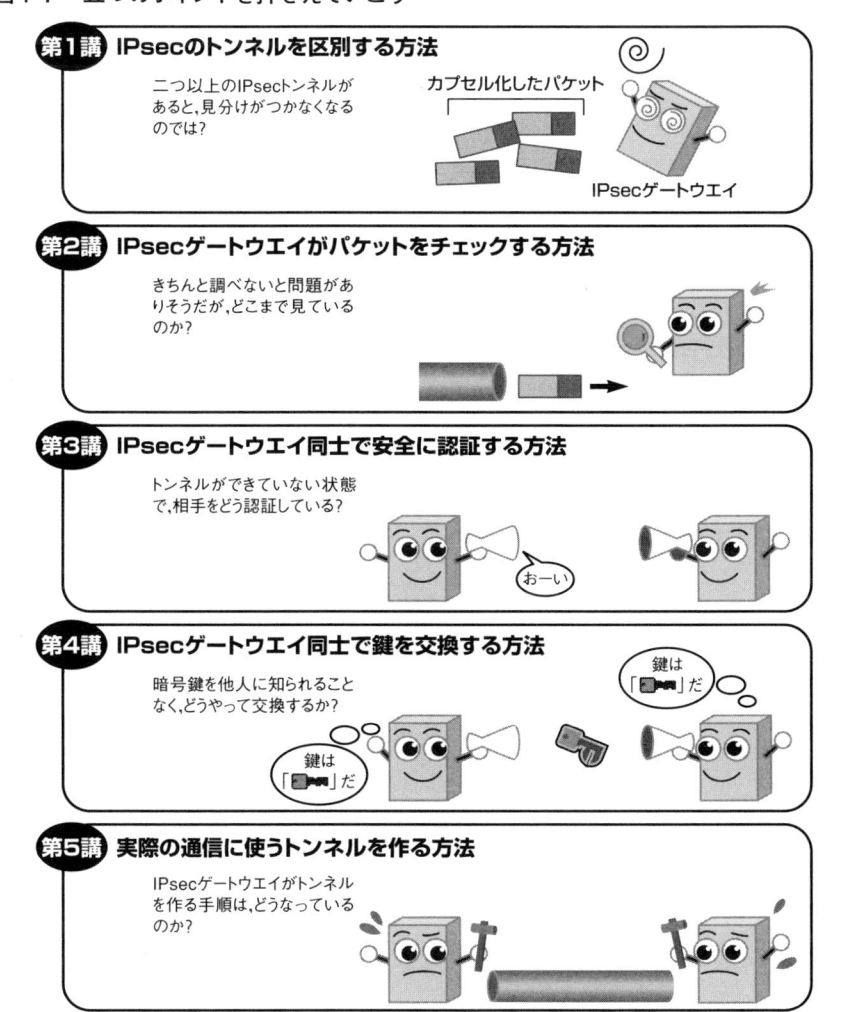

第1講　IPsecのトンネルを区別する方法

二つ以上のIPsecトンネルがあると，見分けがつかなくなるのでは？

カプセル化したパケット

IPsecゲートウエイ

第2講　IPsecゲートウエイがパケットをチェックする方法

きちんと調べないと問題がありそうだが，どこまで見ているのか？

第3講　IPsecゲートウエイ同士で安全に認証する方法

トンネルができていない状態で，相手をどう認証している？

おーい

第4講　IPsecゲートウエイ同士で鍵を交換する方法

暗号鍵を他人に知られることなく，どうやって交換するか？

鍵は「🔑」だ

鍵は「🔑」だ

第5講　実際の通信に使うトンネルを作る方法

IPsecゲートウエイがトンネルを作る手順は，どうなっているのか？

第1講
トンネルの識別

トンネルが複数あったとき，IPsecゲートウエイはどうやってトンネルを区別しているのか説明しよう。トンネルが区別できないと，適切な暗号鍵でパケットを暗号化したり復号することができなくなる。

SA
security associationの略。IPsecで作られるトンネルのこと。

ISAKMP SA
ISAKMPはinternet security association and key management protocolの略。制御用トンネルのことで，ゲートウエイ間で1本だけ確立され，制御データを双方向にやりとりするために使う。

IPsecでは，仮想的なトンネルのことをSA（エスエー）という。このトンネルには，実際の通信パケットを通す通信用トンネル（IPsec SA）と，通信用トンネルを作るための制御データなどをやりとりする制御用トンネル（ISAKMP SA（アイサキャンプ））がある。また，通

●図4-8　IPsecトンネルはIDで区別する
複数のトンネルがあっても，IDでトンネルを区別するので混乱はしない。暗号鍵もIDごとに使い分ける。

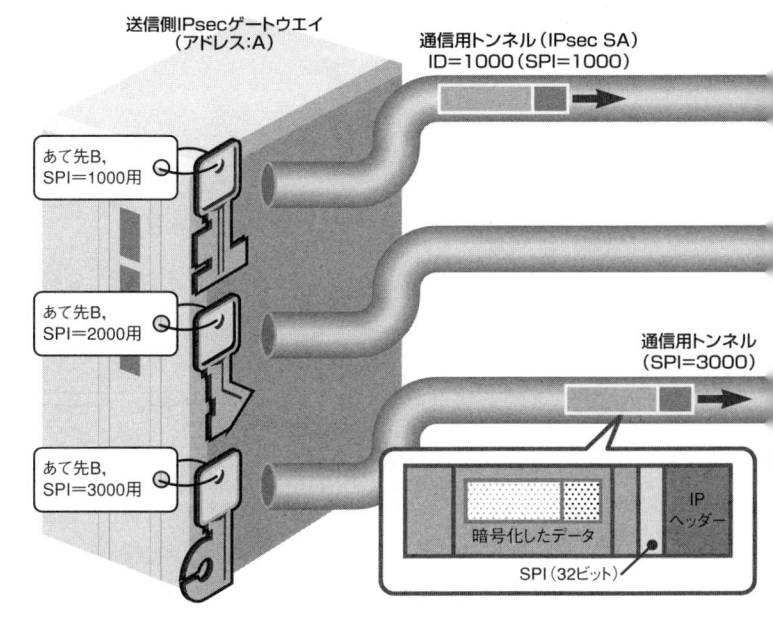

送信側IPsecゲートウエイ（アドレス:A）

通信用トンネル（IPsec SA）
ID=1000（SPI=1000）

あて先B，SPI=1000用

あて先B，SPI=2000用

通信用トンネル（SPI=3000）

あて先B，SPI=3000用

暗号化したデータ　IPヘッダー
SPI（32ビット）

信用トンネルは，一方通行の通信しかできない。したがって，1対のIPsecゲートウエイの間には，1本の制御用トンネルと，上りと下りの通信用トンネルの合計3本が少なくとも確立される。実際には，通信用トンネルは2本以上出来ることがある。

パケットにID番号を付けて区別

ゲートウエイがトンネルを区別する方法は単純だ。トンネルにID番号を割り振るのである。このID番号はSPIと呼ばれ，32ビットの長さである。そしてゲートウエイ同士でやりとりするパケットに，このSPIを書き込む（図4-8）。こうすれば，受信側のゲートウエイは，パケットを受信したとき，どのトンネルから出てきたものか，すぐにわかる。

SPI
security parameters indexの略。32ビットの値で，IPsecトンネルを区別するために利用する。

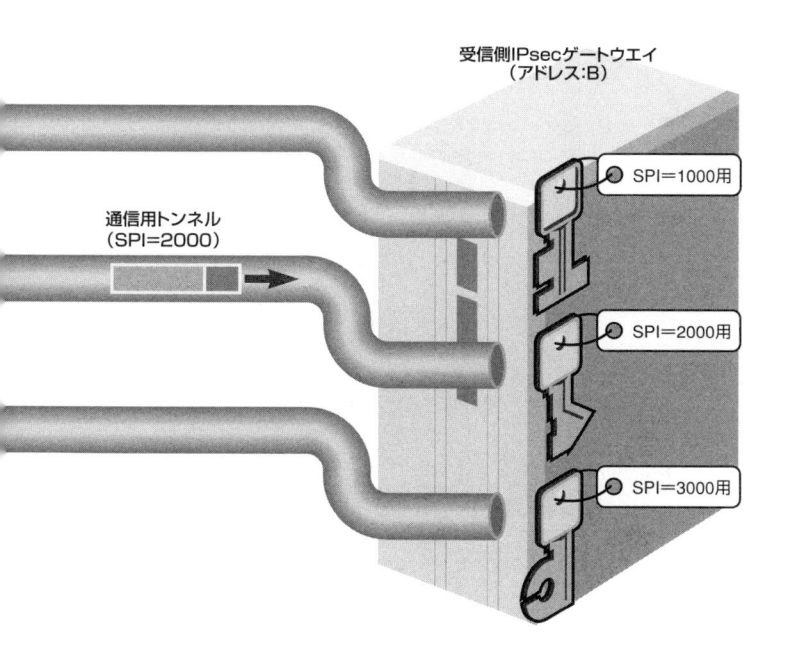

もう少し詳しく見ていこう。送信側のIPsecゲートウエイは，受信側ゲートウエイのIPアドレスとSPIをセットにして，このセットに対応する暗号鍵を管理している。例えば，送信側ゲートウエイのIPアドレスがA，受信側がBで，両者の間に3本の通信用トンネル（SPIは便宜上，1000，2000，3000とする）があったときを想定しよう。

　このとき，送信側ゲートウエイAは送信時に使う暗号鍵として，BあてでSPIが1000のトンネル用，BあてでSPIが2000のトンネル用，BあてでSPIが3000のトンネル用を保管している。そして，SPIが3000のトンネルにパケットを転送するときには，対応する暗号鍵を使ってパケットを暗号化し，SPIが3000だとパケット中に明記する。

　一方，受信側のIPsecゲートウエイでは受信用の暗号鍵がSPIと結びついて保管されている。つまり，SPIが1000のトン

●図4-9　送信側，受信側のゲートウエイの動き
ゲートウエイ内でセレクタという機能が働き，SPIに対応したルールや暗号鍵を見つける。

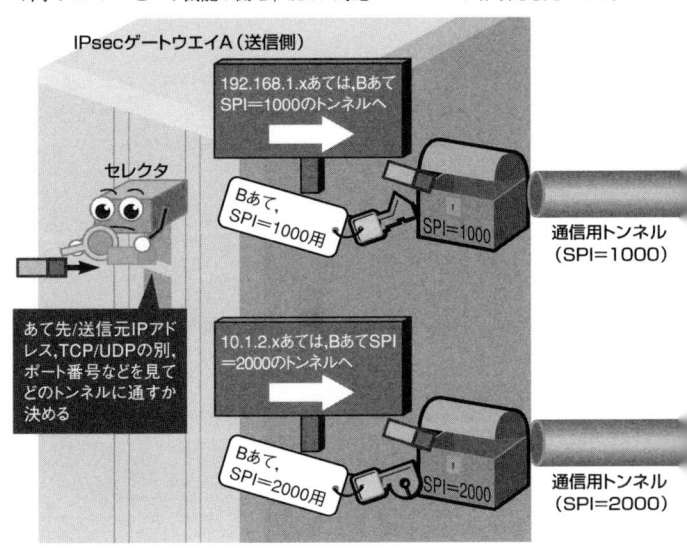

ネル用暗号鍵，SPIが2000用の暗号鍵…，といった具合だ。したがって，SPIが3000と明記されたIPパケットを受信側ゲートウエイが受信したら，それに対応する暗号鍵を使って暗号パケットを復号できる。

あて先別に違うトンネルができる

では，なぜ複数の通信用トンネルができるのだろうか。ゲートウエイが1対1で通信するなら，上り用と下り用の2本のトンネルがあれば済みそうだ。

それはIPsecの規格で，あて先や送信元IPアドレス，TCP☞やUDP☞などの通信プロトコル，あるいはポート番号☞などの違いで，通信用トンネルを別に設けることになっているからだ。実際，どんなときに通信用トンネルが複数に分かれるかは，IPsecゲートウエイの設定によって異なるが，典型例を紹

TCP
transmission control protocolの略。IP上で送達確認などを行い，信頼性を確保したデータ転送を実現するトランスポート層プロトコル。

UDP
user datagram protocolの略。IP上でデータを転送するためのトランスポート層プロトコル。TCPとは違い，誤り制御や送達確認を行わない。

ポート番号
TCPやUDPが上位アプリケーションを区別するときに利用する16ビットの識別番号。Webサーバーなら80番，メール・サーバー（SMTPサーバー）なら25番というように決まっている。

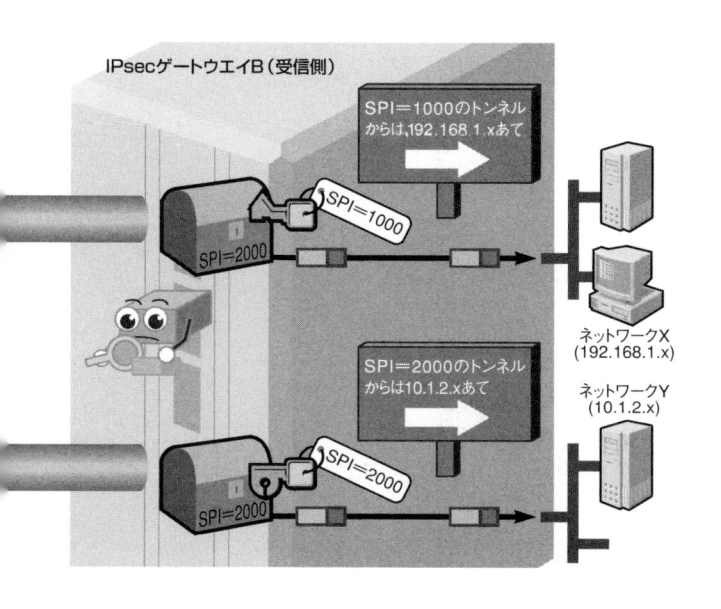

介しておこう。

　その典型例とは，受信側IPsecゲートウエイの向こうに，二つのネットワークがあるときだ。ゲートウエイがあて先のネットワークを区別してトンネルを使い分けるためである☜。例えば，ネットワークX（使っているIPアドレスは192.168.1.0～192.168.1.255）と，ネットワークY（10.1.2.0～10.1.2.255）があったとしよう（pp.142-143の図4-9）。すると，ネットワークX用トンネルと，ネットワークY用トンネルができる。

　送信側IPsecゲートウエイは，ネットワークXあてのパケットを受け取ると，ネットワークX用に設けた通信用トンネルにパケットを転送する。この判断を下すのが，セレクタという機能である（図4-9左）。

　一方，受信側IPsecゲートウエイは，受信パケットのSPIを読み取って，対応する暗号鍵で中のパケットを取り出す。さらに，受信側ゲートウエイ内で動いているセレクタが，「ネットワークX用のトンネルから出てきたのだから，あて先アドレスは192.168.1.xのはず」と考え，実際の受信パケットと照合する。そして，つじつまが合っていれば，LAN側に転送する。

使い分けるためである
IPsecゲートウエイに対して，すべてのIPアドレスをひとまとめにして扱うように設定すれば，一つのネットワークと見なすので，トンネルは分かれない。

┌─**ポイント**─────────────
│
│●暗号鍵はトンネルごとに異なる。
│●IPsecゲートウエイは複数のトンネルを区別するために，やりとりするパケット中にSPIという識別番号を付ける。
│●同じゲートウエイとの間でも，その先が複数のネットワークに分かれていたりすると，トンネルが複数できる。
└──────────────────────

Part 4 IPsec完全制覇

腕試しクイズ

問題

IPsecはインターネットで利用されているIPプロトコルにセキュリティ機能を追加したプロトコルです。このIPsecには，さまざまな動作モードが規定されていますが，IPパケットをヘッダーごと暗号化するモードはどれでしょうか。

【下記の中から選択】
1. トランスポート・モード
2. メイン・モード
3. アグレッシブ・モード
4. トンネル・モード
5. エクスプレス・モード

IPsecは，IPプロトコルにセキュリティ機能を追加するプロトコルです。暗号化や認証，鍵交換など幅広い技術が規定されています。現在は，IPパケットをまるごと暗号化して，その暗号データにIPヘッダーなどを付け加えて転送する使い方が最も普及しています。こうしたしくみを使い，LAN同士をインターネットなどを介して安全につなぐLAN間接続VPNや，パソコンと会社のネットワークをインターネット経由で結ぶリモート・アクセスなどの環境が構築できるからです。

こうした用途に利用されるIPsecのモードは，トンネル・モードと呼ばれます。トンネル・モードでは，LAN上のパソコンが送出したIPパケットをIPsecゲートウエイ装置が受け取ったとき，そのパケットを丸ごと暗号化し，その暗号データにIPヘッダーなどを付け加えて（カプセル化）インターネット側へ転送します。インターネットの向こう側にあるIPsecゲートウエイ装置がこのパケットを受け取ると，カプセル化されたパケットをほどき，暗号データを復号して元のIPパケットに戻します。そして，元に戻ったIPパケットはリモートのLANへ転送されます。

このようなしくみなので，LAN上のパソコンは単にルーターの向こう側にいる相手と通信しているように見え，途中でパケットが暗号化されていることを気にする必要がありません。しかも，インターネットを流れるパケットの中身は暗号化されているので第三者に内容を見られる心配もありません。これがIPsecのトンネル・モードです。したがって，問題の正解は選択肢4番になります。

ただ，IPsecはこのほかにも，いろいろなモードを規定しています。選択肢1～3番も，IPsecが規定している動作モードです。

選択肢1番のトランスポート・モードは，IPヘッダーはそのままで，パケットの中身だけを暗号化します。コンピュータ同士がやりとりするIPパケットの中身を暗号化するために用意されました。ただ，現在ではほとんど使われていません。

選択肢2番のアグレッシブ・モードと選択肢3番のメイン・モードは，いずれもIPsecゲートウエイ装置間が互いに相手を認証したり，暗号化に使う鍵の交換方法を規定する動作モードです。アグレッシブ・モードはリモート・アクセス，メイン・モードはLAN間接続VPNでの利用が想定されています（「4-3 必修」の「第5講：トンネルの作成」参照）。

なお，選択肢5番のエクスプレス・モードは，いかにもありそうな動作モードですが，実際にはありません。

第2講
パケットの検証

IPsecは，トンネルを使って安全にパケットを転送するのが目的だ。そのために，パケットを暗号化するだけでなく，内容が改ざんされたのを見つける機能なども備わっておるぞ。

　IPsecは，暗号化でパケットの盗聴を防いでいる。しかし，危険は盗聴だけではない。IPsecパケットをコピーしてゲートウエイに何回も送りつけてきたり（リプライ攻撃），中身を改ざんして送りつけてくる可能性もある。そこで，受信側ゲートウエイは，インターネットから受信したパケットをチェックするようにしている。

2種類のチェック・データを付加

　チェックには改ざん検出とリプライ攻撃対策の2種類がある。どちらも，送信側のIPsecゲートウエイが転送するパケットに特別なデータを付加して，受信側でチェックする。

　まずは改ざん検出から。これは，パケットの後ろに付くデータ（認証データ）を利用する（図4-10）。認証データは，LAN側から届いたパケットを暗号化したもの，ESPヘッダー，および暗号化に使った暗号鍵から作る。具体的には，これら三つのビット列を元にして算出したハッシュ値になる。

　ハッシュ値は特別な計算によって，元のデータを固定長のビット列に変換したもの。①ハッシュ値から元のデータは算出できない，②元のデータが少しでも変わるとハッシュ値も変わるという特徴がある。したがって，暗号鍵を知らない不正利用者がインターネットを流れるパケットを改ざんしても，正確な認

ハッシュ値
ハッシュ関数という特別な関数を使って計算された値のこと。ハッシュ関数は，入力したデータから，一定の長さの値を導き出すための関数。ハッシュ関数を用いて計算したハッシュ値には，①ハッシュ値から元のデータを算出できない，②元のデータが少しでも変わるとハッシュ値も大きく変わる——特徴がある。

証データは作れない。

　そこで，送信側ゲートウエイはLAN側から受け取ったパケットを暗号化し，ESPヘッダーや暗号鍵も組み合わせてハッシュ値を算出する。そして，この値を認証データとして，インターネット側へ転送するパケットの最後に付加する。

　受信側ゲートウエイでも，送信側と同じようにハッシュ値を算出する。そして，再計算したハッシュ値と受信パケットにくっついていた認証データが一致するかを調べ，改ざんされていないことを確認する。

　もう一つのリプライ攻撃に対する対策は，ESPヘッダーの中

●図4-10　IPsecパケットには，改ざんやリプライ攻撃などの対策が盛り込まれている
受信時にシーケンス番号と認証データでチェックする。

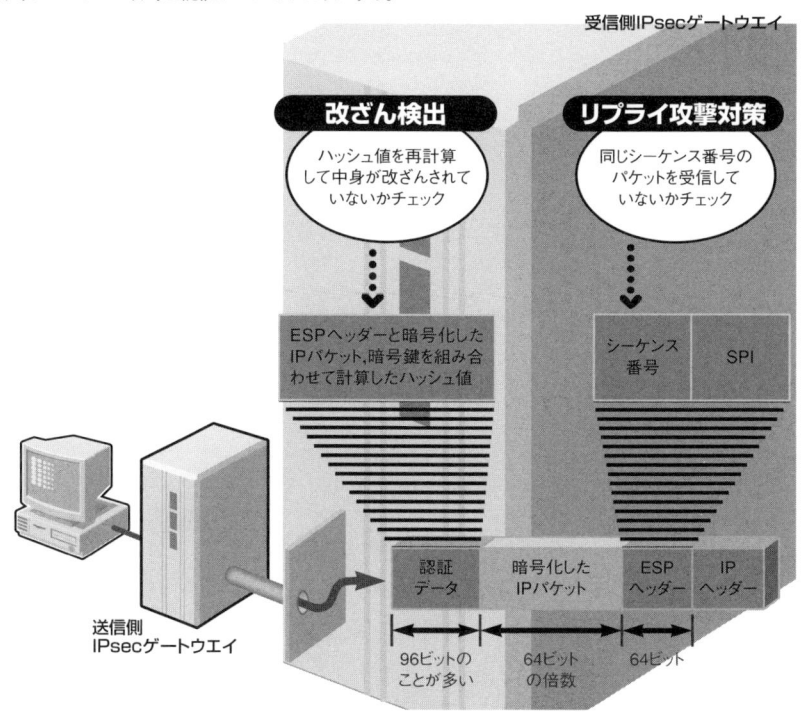

に記述する32ビットのシーケンス番号を使う。シーケンス番号は，通信用トンネルごとに独立して管理され，送信側IPsecゲートウエイがパケットを送るごとに1ずつ増やす。したがって，受信側IPsecゲートウエイは，このシーケンス番号を検査することで，つじつまの合わないパケットを排除できる。

排除できる
不正利用者がシーケンス番号だけを本物っぽくしたパケットを送りつけようとしても，認証データとのつじつまを合わせられない。認証データを作るときの元データにシーケンス番号も含まれるからである。

```
┌─ポイント──────────────────┐
│ ●改ざんを検出するために，送受信パケットの最後に認証 │
│   データが付く。                                    │
│ ●不正パケットを排除するため，パケットの順番を示すシ │
│   ーケンス番号がパケット中に記載される。            │
└──────────────────────────┘
```

第3講
通信相手の認証

ここからは，トンネルが出来上がるまでの話だ。まずはIPsecゲートウエイが，通信相手が本物かを互いに確認し合う認証のしくみを説明しよう。

　IPsecの認証には，3種類の方法がある🔍。手軽にIPsecを使う場合は，プリシェアード・キーによる認証が向いている。IPsec対応機器もほとんどが対応している。ここでも，プリシェアード・キーによる認証を解説しよう。
　プリシェアード・キー（pre-shared key＝事前共有鍵）とは，トンネルの入り口と出口に置く2台のIPsecゲートウエイ間で交わされる「合言葉」のようなものだ。ユーザー自身がゲートウエイにあらかじめ設定しておく。そして，お互いが共通のプリシェアード・キーを持っているかを確認し合うことで，相手を認証する。

「合言葉」をあらかじめ決めておく

　実際のやりとりを追っていこう（p.150の図4-11）。IPsecゲートウエイは，最初にトンネルの確立要求などのデータを相互にやりとりする。そして，認証を受けたい側のゲートウエイAは，プリシェアード・キーと，最初のやりとりで得たデータを組み合わせてハッシュ値を計算する。そして，このハッシュ値を認証してもらう相手のゲートウエイ（B）に送る。
　これを受信したゲートウエイBは，送り手と同じ方法でハッシュ値を計算する。そして自身で計算した値と送られてきた値が一致すれば，同じプリシェアード・キーを相手が持っていると判断して認証する。

3種類の方法がある
プリシェアード・キーを使わない認証方法としては，電子証明書を使う方法と公開鍵を使う方法がある。

これで片方向の認証が終わる。あとは,ゲートウエイBが認証される側に回って,同様のやりとりをする。

ポイント

- ●プリシェアード・キーは,ユーザーがゲートウエイにあらかじめ登録しておく。
- ●ゲートウエイ間で共通のプリシェアード・キーを持っていることを確認する。

●図4-11　ゲートウエイ同士がお互いを認証するしくみ
ユーザーが両方のゲートウエイに同じプリシェアード・キーを登録しておく。ハッシュ値をやりとりすることで相手が自分と同じプリシェアード・キーを持っていることを確認する。

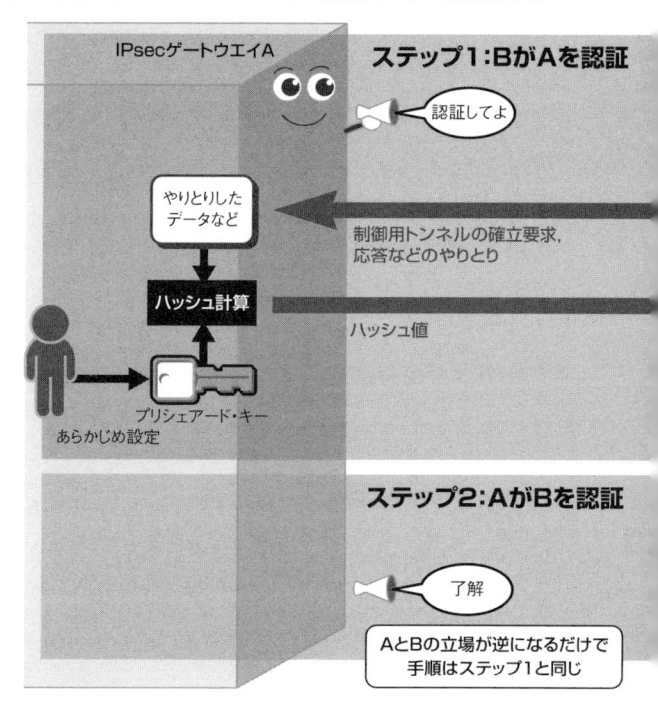

IPsecゲートウエイA

ステップ1:BがAを認証
認証してよ
やりとりしたデータなど
制御用トンネルの確立要求,応答などのやりとり
ハッシュ計算
ハッシュ値
プリシェアード・キー
あらかじめ設定

ステップ2:AがBを認証
了解
AとBの立場が逆になるだけで手順はステップ1と同じ

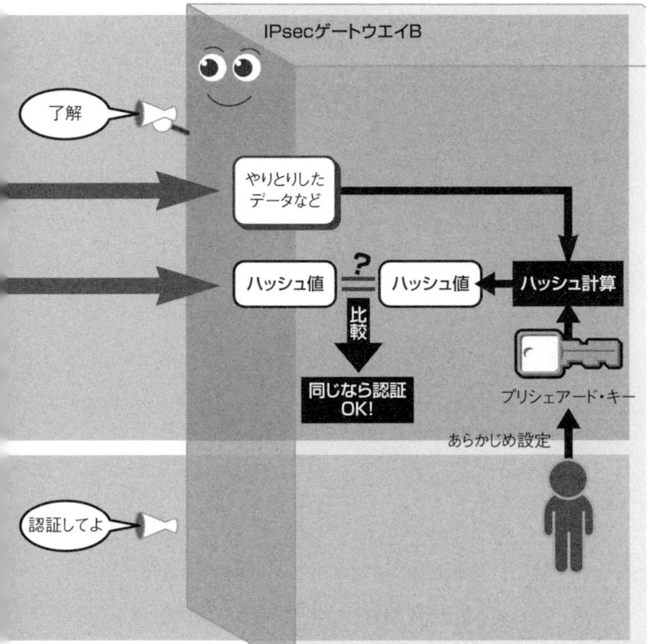
IPsecゲートウエイB
了解
やりとりしたデータなど
ハッシュ値
?
ハッシュ値
ハッシュ計算
比較
同じなら認証OK!
プリシェアード・キー
あらかじめ設定
認証してよ

第4講
暗号鍵の交換

トンネルを作るには，パケットを暗号化する鍵をIPsecゲートウエイ同士が事前に交換しなければならない。しかし，鍵をそのまま送ったのでは盗聴されるかもしれない。安全に交換するしくみを教えよう。

　IPsecでは，トンネルの暗号化に使う暗号鍵を2段階に分けて作成する。まず暗号鍵のタネになる秘密鍵を交換し，秘密鍵を基にして暗号鍵を作るのである。
　このように2ステップに分けるのは，最初の秘密鍵の交換が複雑で処理が重くなるからである。そこで，一つだけ秘密鍵を作って厳重に保管しておき，実際の通信用トンネルに使う暗号鍵はゲートウエイ間で交換した変数と秘密鍵を組み合わせて作成する。
　では，鍵交換のキモとなる秘密鍵の交換方法を見ていこう。

鍵の一部だけを交換する

　秘密鍵の交換は，Diffie-Hellman（ディフィー・ヘルマン）交換という方法を使う。少し難しいが，考え方だけは押さえておこう。
　秘密鍵を交換し合う2台のIPsecゲートウエイは，それぞれがランダムなビット列を生成する。秘密鍵は，この二つのビット列を組み合わたものになる。しかし，両方がそのままビット列を送ってしまえば，盗聴者も秘密鍵を作成できる。
　そこで，片方のゲートウエイAは自分が作ったビット列（X）の一部分（X'）だけを相手Bに送る。ただし，相手Bは自分が生成したビット列（Y）と受信したビット列（X'）を組み合わせれば秘密鍵を作成できる。また，逆にBは自分が生成したビ

ット列（Y）の一部分（Y'）だけをAに送り，AはXとY'で秘密鍵を作る。

　原理は以上だ。でも，実感しにくいだろう。鍵交換のイメージを図4-12に図示したので，そちらを参考にしてほしい。

　要は，部分的なデータだけを交換することで，ゲートウエイは秘密鍵が作成でき，盗聴によって部分的なデータだけを不正に入手しても秘密鍵は作れないしくみになっている。

　数学的にも確認しておこう。双方のゲートウエイは，片側が乱数X，反対側が乱数Yを発生させる。Xを発生させた側は相手に$2^X \div n$ の余り（X'）を送り，反対側は$2^Y \div n$の余り（Y'）

n
nは10進数表記で232桁か310桁の定数を使うことが多い。

● 図4-12　秘密鍵を安全に交換する方法
秘密鍵の一部分だけをやりとりするので，盗み見されても秘密鍵はばれない。

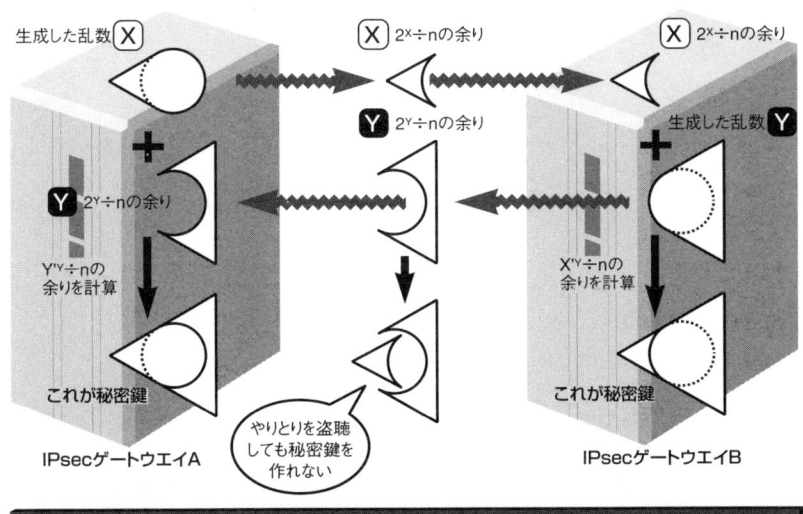

生成した乱数 X　　　　　X $2^X \div n$の余り　　　　　X $2^X \div n$の余り

Y $2^Y \div n$の余り　　　　　　　　　　生成した乱数 Y

Y $2^Y \div n$の余り

Y'^Y÷nの余りを計算　　　　　　　　　X'^Y÷nの余りを計算

これが秘密鍵　　　　　　　　　　　　これが秘密鍵

やりとりを盗聴しても秘密鍵を作れない

IPsecゲートウエイA　　　　　　　　　IPsecゲートウエイB

数学的な意味
$2^{XY} \div n$の余りは$(2^X \div n$の余り$)^Y \div n$の余りに**等しい**

を送る。最後にゲートウエイは，相手から送られた情報と自分で作った乱数から$2^{XY} \div n$の余りを計算する。これが秘密鍵になる。こうしたことが可能なのは，$2^{XY} \div n$の余りは，($2^X \div n$の余り)$^Y \div n$の余りや，($2^Y \div n$の余り)$^X \div n$の余りと同じになるからである☞。

同じになるからである
$2^X \div n$の余らない（割り切れる）部分は，Y乗しても何乗しても，nで割り切れるという性質を利用している。

ポイント

- トンネルの暗号化に使う暗号鍵の作成は2段階に分かれる。まず暗号鍵のタネになる秘密鍵を交換し，秘密鍵を基にして暗号鍵を作る。
- 秘密鍵の交換は，元になる乱数の一部だけをやりとりして作る。

第5講
トンネルの作成

認証と鍵交換の方法がわかれば，あとは実際にそれらの方法を組み合わせてトンネルを作るだけだ。制御用トンネルを作り，そのあとで通信用トンネルを作る流れの詳細を見ていこう。

認証と鍵交換は，トンネル作りに必要不可欠な技術だが，それだけでトンネルが勝手にできるわけではない。実際にトンネルを作るには，決められた手順でゲートウエイ同士がパラメータなどを交換したりする必要がある。まったくつながっていない状態から，実際に通信用トンネルができるまでの手順を見ていこう。

制御用トンネルを作る方法は2種類

最初に作られるのはISAKMP SA，つまり制御用トンネルだ。制御用トンネルを作る流れの中でIPsecゲートウエイは，①パラメータの交換，②相手のIDを確認して認証，③秘密鍵の交換——という三つの処理を完了させる。このうち，認証と秘密鍵の交換は，第3講と第4講で説明したしくみを使う。①のパラメータとは，暗号アルゴリズムや認証に使うハッシュ関数，鍵交換に使う変数，制御用トンネルの寿命◆といった情報である。②のIDとは，IPsecゲートウエイ自身のIPアドレスや名前などである。

実は制御用トンネルを作る手順は2種類ある◆。メイン・モードとアグレッシブ・モードである（p.156の図4-13）。メイン・モードでは，トンネルの確立要求とパラメータ交換，秘密鍵の交換，認証の順に処理する。それぞれの段階で1往復ず

制御用トンネルの寿命
秒単位の時間か，キロバイト単位のデータ転送量で指定する。寿命に達したら，制御用トンネルを利用できなくなる。それ以降も必要なときは，確立し直す。

2種類ある
厳密にはベーシック・モードという手順もあるが，ほとんど使われていない。

つ，合計で3往復のパケットが飛び交う。

　メイン・モードを使うと，2番目の秘密鍵の交換が終わった段階で，暗号化された仮のトンネルができる。このあとでやりとりするIDと認証用のハッシュ値は，この仮のトンネルを通って暗号化される。しかし，最後の認証段階になるまで相手にIDが伝わらないので，IDとは別に自分が誰かを知らせる必要がある。通信相手が特定できないと，プリシェアード・キーが選べず，鍵交換が成り立たないためだ。

　そこで，メイン・モードを使うときは，通信相手から届くパケットの送信元IPアドレスを基に相手を特定する。したがって，メイン・モードを使うIPsecゲートウェイはIPアドレスを

●図4-13　制御用トンネル作成の手順は2種類ある
接続する側に動的なIPアドレスを使いたいときは，アグレッシブ・モードを使う。

メイン・モード

送信側　　　　　　　　　　　　　　　　受信側

確立要求
①トンネルの確立要求とパラメータの提案 →
② ← 受け入れるパラメータの通知

秘密鍵の変換
③鍵交換データと認証用乱数の通知 →
④ ← 鍵交換データと認証用乱数の通知

認証
⑤IDと認証用ハッシュを暗号化して送信 →
⑥ ← IDと認証用ハッシュを暗号化して送信

制御用トンネル確立

・IDが暗号化される。鍵交換用のパラメータが変えられる
・認証する前に仮の暗号トンネルができる
・相手のIPアドレスを基にプリシェアード・キーを選ぶので，ゲートウェイのIPアドレスを固定にする必要がある

固定しておく必要がある。

一方のアグレッシブ・モードは，1個のパケットにさまざまな情報を詰め込んでやりとりする。メイン・モードは3往復のやりとりだったが，アグレッシブ・モードだと1往復半で済む。しかも，最初のパケットにIDが入るので，IPアドレスで相手を特定する必要はない。IPアドレスが固定できないゲートウエイでも利用できるのだ。

用途に合わせてモードを選ぶ

IPsecゲートウエイのIPアドレスが固定でないとダメかどうかという点は，利用環境に大きく起因する。

必要がある
また，IDはIPsecゲートウエイのIPアドレスにすることになっており，勝手な名前は付けられない。

利用できるのだ
規格上はトンネルを確立する両端のIPsecゲートウエイのどちらもIPアドレスを固定にしておく必要はない。しかし，両方とも動的にIPアドレスが変わると，最初に通信相手を探すしくみが別に必要になったり，偽者のゲートウエイと接続してしまう可能性が高まるので，普通はアクセスを待ち受ける側のアドレスを固定しておく。

アグレッシブ・モード

送信側　　確立要求・秘密鍵の変換・認証　　受信側

① トンネルの確立要求とパラメータの提案。鍵交換データと認証用乱数,IDの通知

② 受け入れるパラメータの通知。鍵交換データと認証用乱数,IDの通知。認証用ハッシュを送信

③ 認証用ハッシュを送信

制御用トンネル確立

- 動的にIPアドレスが割り当てられるゲートウエイやパソコンでも利用できる
- IDが暗号化されない。鍵交換用のパラメータが変えられない

> 制御用トンネルの作成やりとりに使うプロトコルをISAKMP，出来上がったトンネルをISAKMP SAと言うんじゃ

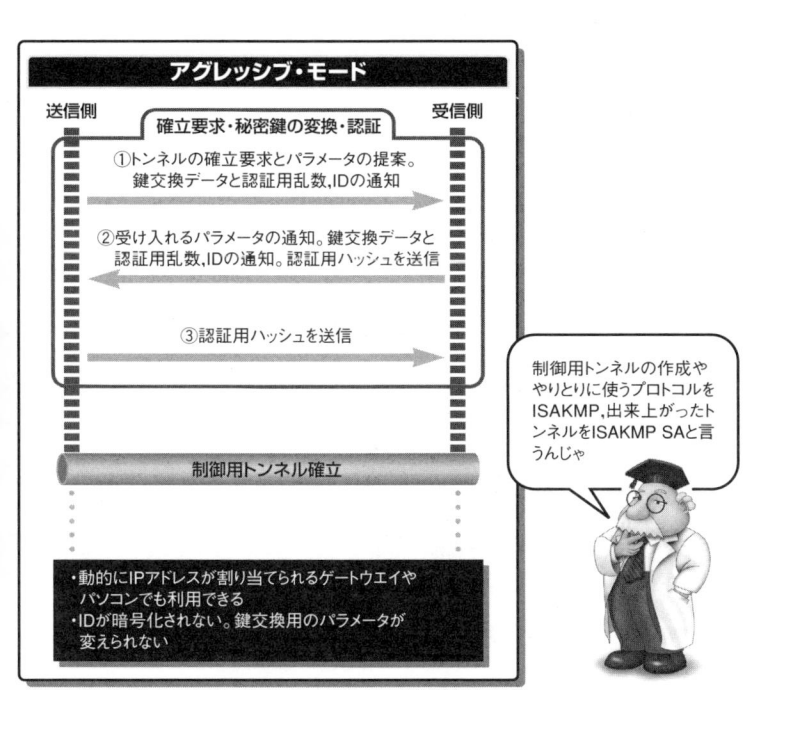

LAN間接続なら、トンネルの両端に置くIPsecゲートウエイの場所は、ほとんど動かない。だから、企業向けのインターネット接続サービスを契約すれば、いつも同じグローバルIPアドレス🔖が使える。こうしたケースではメイン・モードが利用できる。

　しかし、専用ソフトをパソコンに入れ、そこから会社のLANへアクセスするリモート・アクセスでは、パソコンに割り当てられるグローバルIPアドレスを固定するのは難しい。こうしたケースではアグレッシブ・モードを使う必要がある。

グローバルIPアドレス
インターネットと直接つなぐ機器に割り当てられるIPアドレスのこと。

最後に通信用トンネルが出来る

　制御用トンネルが出来ると、通信用トンネルを作る準備が整

●図4-14　制御用トンネル作成の手順は2種類ある
接続する側に動的なIPアドレスを使いたいときは、アグレッシブ・モードを使う。

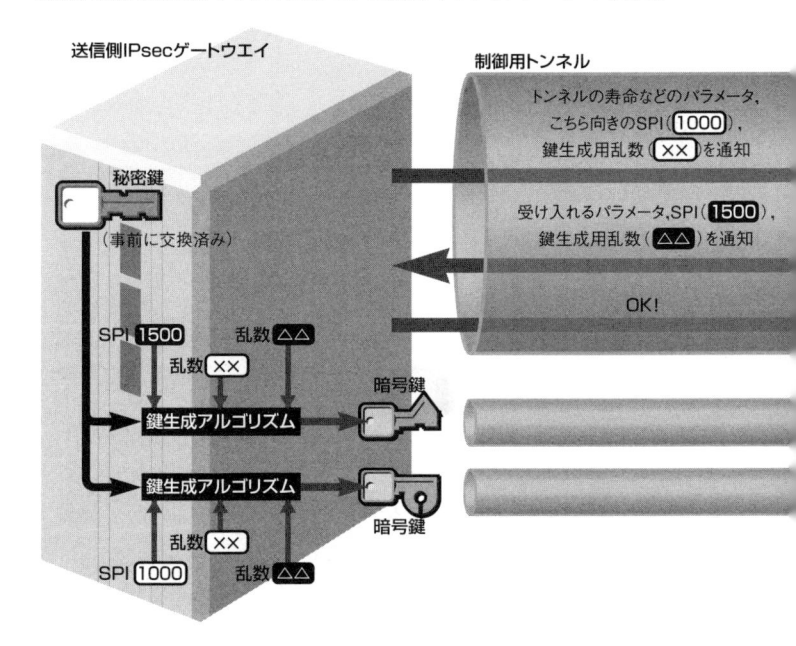

ったことになる。通信用トンネルは制御用トンネルを使ってデータを安全にやりとりして作る。このとき，上り用と下り用のトンネルが同時に作られる（図4-14）。

IPsecゲートウエイは，通信用トンネルの作成要求として，通信用トンネルの寿命☛や送信側のセレクタがトンネルを選ぶ条件などのパラメータ，自分あて（下り）の通信用トンネルのSPI（ID），暗号鍵を作成するためのビット列を送信する。これを受信した側はパラメータなどをチェックして問題がなければ，自分あての通信用トンネルで使う暗号鍵の元になるビット列などを返信する。

最後に送信側から受信側に，確認メッセージが送られてやりとりは終了する。あとは，共通の暗号鍵を両端のゲートウエイ

通信用トンネルの寿命
秒単位の時間か，キロバイト単位のデータ転送量で指定する。寿命に達する前に，新たな通信用トンネルを作る決まりになっている。

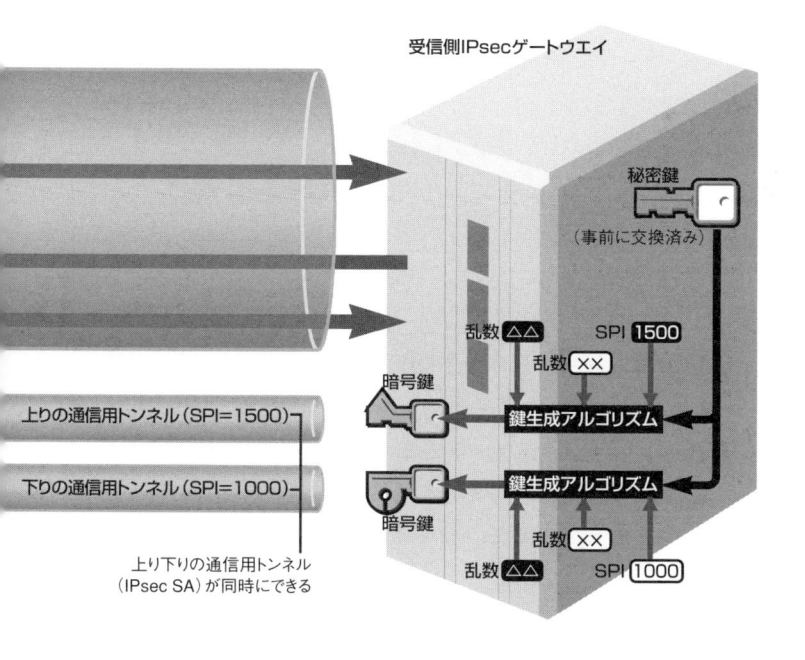

が独自に作成する。この暗号鍵は，制御用トンネルを確立する前に作った共通の秘密鍵に，乱数とSPIを組み合わせて作る。SPIの値が上りと下りで違うため，上り用と下り用の暗号鍵も異なるものができる。

ポイント

- 制御用トンネルを作る手順には，メイン・モードとアグレッシブ・モードである。
- メイン・モードはゲートウエイのIPアドレスが固定されるLAN間接続，アグレッシブ・モードはパソコンのIPアドレスを固定できないリモート・アクセスでの利用に向いている。

4-4 演習
使っているとよく出合うトラブル その原因と対策を明らかにする

　ここまでの講義で，IPsecのしくみは理解できた。しかし，実際に使ってみると，うまくつながらないことがある。IPsec利用時によく遭遇するトラブルの原因と対策を確認しておこう。

例題1…パケット長問題

　IPsecによってカプセル化されたパケットは，当然のことながら，元のパケットよりも長くなる。すると，そのままではインターネット側に転送できなくなり，ゲートウエイ同士でパケットをやりとりできなくなったりするんじゃ。

　IPsecを使って送られるパケットは，トンネルの区間で新しいIPパケットに包まれて送られる。「4-1 オリエンテーション」でも「4-3 必修」でも出てきたカプセル化である。
　当然のことながら，カプセル化後のパケットは元のパケットよりも大きくなる。具体的には，新たなIPヘッダー（20バイト），ESPヘッダー（8バイト），認証データ（12バイト）が元のパケットの外側に付け加わる。
　また元のパケットは暗号化されたあと，長くなることはあっても短くはならない🔖。この結果，IPsecゲートウエイ同士が

短くはならない
長さ調整などのために，余分なデータを付加するので，2～5バイト長くなる。

やりとりするカプセル化されたパケットは，元のIPパケットよりも40バイト以上大きくなる。

ICMPが遮断されると通信できない

ネットワークは，それぞれの区間で流せるパケットの最大サイズが決まっている。ほとんどのIPsecゲートウエイは，LAN側，インターネット側ともイーサネットとつながっているだろう。この場合の最大パケット長は1500バイトだ。

こんなとき，IPsecゲートウエイがLAN側のコンピュータから1500バイトのIPパケットを受け取ったとしよう。すると，ゲートウエイは受信パケットを暗号化，カプセル化して通信用トンネルを通して向こう側のゲートウエイに転送しようとする。しかし，カプセル化後のパケットは1500バイトを超えるので，そのままではインターネット側へ転送できない。

すると，IPsecゲートウエイはインターネット側へ転送でき

●図4-15　パケット・サイズの調整に失敗することがある

カプセル化でパケットが大きくなる分，端末からのパケット・サイズを小さくする必要がある。しかしICMPパケットがフィルタリングされているとうまく働かない。

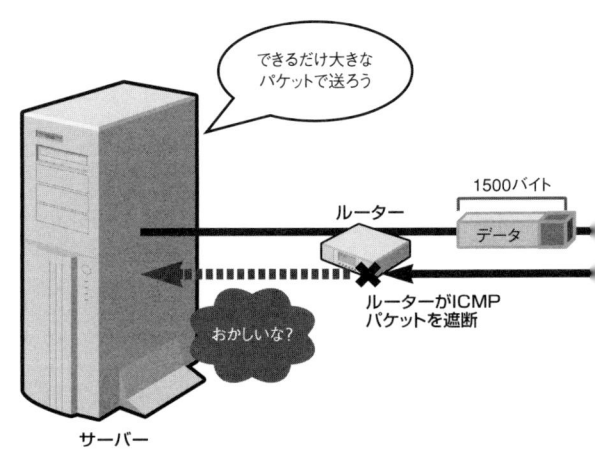

る大きさにIPパケットを分割しようとする。しかし,元のIPパケットのヘッダー部分には,分割禁止と指定されている☞ことが意外と多い。

ただ,これだけでは問題はまだ顕在化しない。IPsecゲートウエイはパケットを捨てると同時に,LAN側の送信元端末に対して,もっと短いパケットにして送り直してもらうようにエラー・メッセージを返すからだ。そして,これを受信したLAN側端末が,カプセル化しても1500バイトに収まるパケットを送り直す。

トラブルになるのは,このエラー・メッセージが送信元端末に届けられないときである。

よくあるのは,送信元,あるいは端末とIPsecゲートウエイの間にあるルーターがエラー・メッセージを遮断してしまう場合だ(図4-15)。エラー・メッセージはICMP☞というプロトコルを使うが,ICMPパケットを通さないようにしている☞ル

指定されている
IPヘッダーにはあて先や送信元アドレスを記述する領域以外に,さまざまな制御情報を記述する領域が決まっている。その一つにパケットの分割を禁止する領域がある。

ICMP
internet control message protocolの略。IPネットワークの状態を通知したり,調べるために用意されたプロトコル。

通さないようにしている
ICMPパケットを使ったネットワーク攻撃などを遮断するために,ルーターやサーバー・マシンは,ICMPパケットを通さないよう設定していることがある。

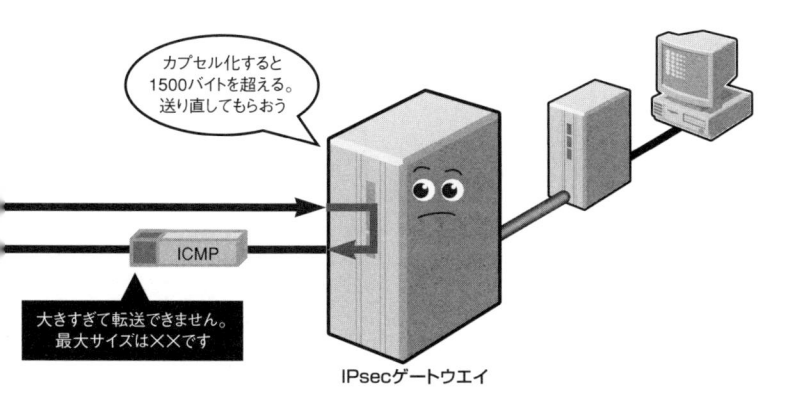

ーターやサーバー・マシンがある。

こうなると，IPsecゲートウエイが返したエラー・メッセージは送信元に届かないだけでなく，送信元は途中でパケットが捨てられたことにも気づかない。この結果，IPsecを使った通信が途切れてしまう。

単純な対策では完璧にならない

このような場合の対策ですぐに思いつく方法は二つある。①ルーターなどの設定を変えてICMPパケットが通るようにする，②端末の設定☞を変えて最初から短めのパケットしか送らないようにするという手段だ。

しかし，これらの手段では問題を根本から解決できないことがある。例えば，クライアントがIPsecトンネルを経由して向こう側のLANを通過し，そこからインターネット上のWebサーバーなどにアクセスする場合だ。こんなケースで，ICMPパケットを遮断したり大きなパケットを出しているのがインター

> **端末の設定**
> Windowsマシンなら，設定値が書かれたレジストリ・ファイルを書き換えて，送受信できるパケットの最大サイズ（MTU：max transfer unit）の値を小さくする。

●図4-16　IPsecゲートウエイがパケットを分割することもある
図4-15のような不具合が出ないように，パケットを勝手に分割するゲートウエイもある。

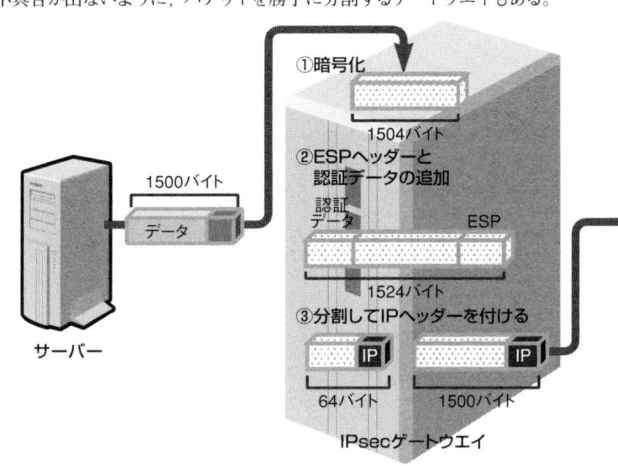

①暗号化
1504バイト
②ESPヘッダーと認証データの追加
認証データ　ESP
1524バイト
③分割してIPヘッダーを付ける
64バイト　1500バイト
IPsecゲートウエイ

1500バイト
データ
サーバー

ネット上のルーターやサーバーだと,それらの機器の設定を変えてもらうのはほとんど不可能だろう。

指定を無視してパケットを分割する

では,どうするか。最終手段として考えられるのは,パケットが分割禁止の指定になっていても,ゲートウエイが分割してしまう方法だ。実際,一部の製品が採用している。

この手段が使えるIPsecゲートウエイだと,LAN側から1500バイトのパケットを受け取ると,パケットを暗号化したものにESPヘッダーと認証データを付け加える。そして,これを1480バイト以下になるように分割したのち,20バイトのIPヘッダーを付けてインターネット側へ転送する(図4-16)。

そして,受信側のIPsecゲートウエイが分割されたパケットを組み立てて1個のパケットに戻し,向こう側のLANへ転送するのである。

ただし,この手法だとインターネットを流れるパケットの数

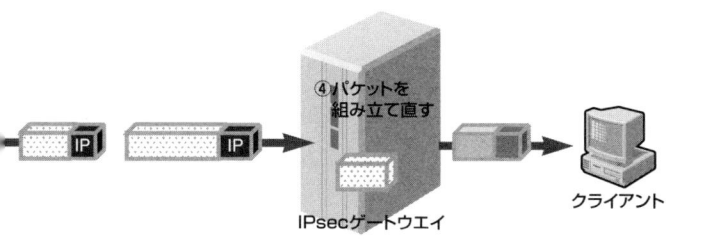

が増え，細切れになるので，伝送効率が落ちてしまう。しかも，送信側と受信側のIPsecゲートウエイがパケットを分割したり，組み立てたりする必要が出てくるので，ゲートウエイに余計な負荷がかかる。このため，パケットを無理やり分割できる機能を持ったIPsecゲートウエイを販売しているメーカーも，この機能の利用をあまり推奨していない。

例題2…NAT越え問題

IPsecトンネルの途中にブロードバンド・ルーターがあると，通信できなくなるぞ。ブロードバンド・ルーターのアドレス変換機能（NAT）が，IPsecパケットをうまく扱えないからだ。対策としては，二つほどある。

会社や自宅のLANとインターネットをつなぐために，その境界にブロードバンド・ルーターを置くことは多い。LAN側のパソコンに割り当てたプライベートIPアドレスと，インターネットで通用するグローバルIPアドレスを相互に変換して，LAN側のパソコンがインターネットへアクセスできるようにするためだ。

しかし，ブロードバンド・ルーターが備えるアドレス変換機能（NAT）は，IPsecパケットをうまく扱えない。この結果，IPsecパケットがブロードバンド・ルーターのところで止まってしまい，IPsecゲートウエイ同士の通信が途絶えてしまう。

パケットにポート番号がない

ここで問題になるアドレス変換機能とは，IPマスカレードのことである。IPマスカレードが扱う対象は，TCPまたはUDPのパケットである。ところが，IPsecの通信用トンネルを流れるパケットは，TCPでもUDPでもない。ESPというIPsec専用のプロトコルである。ここに問題の原因がある。

アドレス変換機能（NAT）
厳密にいうと，NATではなくIPマスカレードのことである。

IPマスカレード
RFCではNAPT（network address and port translation）と呼ばれる。1個のグローバルIPアドレスを複数の端末で共有し，同時にインターネットへアクセスできるようにする機能を指す。

送信側のブロードバンド・ルーターは，LAN側から受け取ったパケットの送信元IPアドレスと，送信元のポート番号を書き換えて，インターネットに転送する。同時に，書き換えた新旧の送信元ポート番号とIPアドレスの対応を覚えておく。インターネットを介して通信している相手の端末からパケットが返ってきたときには，IPアドレスとポート番号を元の値に書き換えて，LANにつながった端末に受信パケットを転送する。

　ところが，IPsecの通信用トンネルを通るパケットはESPを使うので，ポート番号が書かれていない。したがって，ブロードバンド・ルーターがポート番号部分を読み出してLAN側に転送できない（図4-17）。

　パケット中でポート番号が書かれた位置だけを頼りに，ブロードバンド・ルーターがIPsecのパケットを読み取って勝手に書き換えて転送しても，受信側のIPsecゲートウエイは，改ざんされたとみなしてパケットを捨ててしまうだけである。

　問題はまだある。制御用トンネルを通るパケットもIPマスカレードを越えられないのだ。制御用トンネルの通信に使う

●図4-17　IPsecパケットはブロードバンド・ルーターを越えられない

ブロードバンド・ルーターのIPマスカレード機能はTCPかUDPを使うのが前提。どちらでもないIPsecパケットは処理できない。

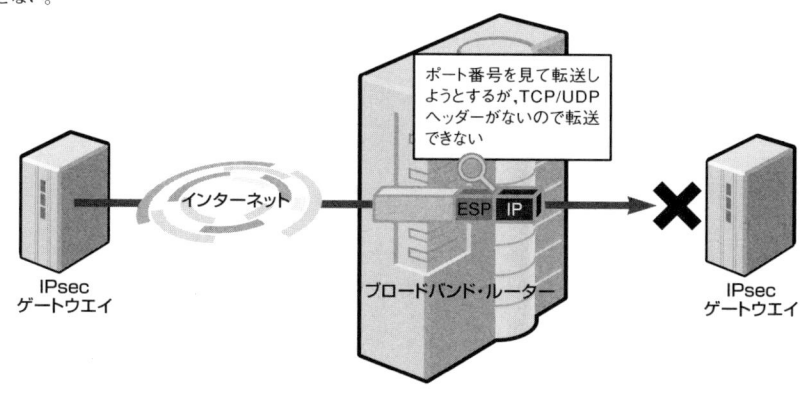

ISAKMPは，UDPを使う。しかし，ISAKMPパケットはあて先と送信元の両方を500番ポートにすることが決まっている。IPマスカレードによって，UDPのポート番号が書き換わると，IPsecゲートウエイは正しく認識できなくなってしまう。

対応ルーターを使うのが一案

　このような問題に対する対策は二つある。ブロードバンド・ルーターにIPsecのパケットを特別扱いさせる方法と，IPsecゲートウエイの機能を拡張してIPマスカレードを越えられるパケットを作ってやる方法だ。

　では，ルーターで対応する方法から見ていこう。これは，最近のブロードバンド・ルーターのカタログに「VPNパススルー（IPsec）」と書かれている機能である。

　この機能を備えているブロードバンド・ルーターは，中継するパケットにIPsecパケットがないかを調べる。そして，IPsecパケットを見つけたら，特別に扱うようにする。

　もう少し具体的に確認しておこう。ブロードバンド・ルーターは自身のLAN側インタフェースから流れ込むパケットにIPsecパケットがないかを常に監視している。監視するのは簡単で，IPヘッダーに書かれたプロトコル番号☞やポート番号を見るだけだ。

　このとき，LAN側からあて先と送信元のUDPポート番号が500になっているパケットを見つけると，それはIPsecの制御用トンネルの確立要求パケットだと判断して，VPNパススルーの処理に入る。

　そして，このパケットの送信元ポート番号を変えずにインターネットに転送するとともに，LAN側の送信元IPアドレスを記憶しておく。この送信元IPアドレスがIPsecゲートウエイのIPアドレスになる。

プロトコル番号
IPパケットのデータ部にどんな種類（TCPやUDP，ESPなど）のトランスポート層プロトコルのデータが入っているかを表す識別番号。IPsecのパケットを表すESPなら50番になる。

そのあとは，通信用トンネルを通るIPsecパケットをインターネットから受け取ると，ルーターは覚えていたIPアドレスあてにパケットを転送するようになる（図4-18）。通信用トンネルを通るパケットは，IPヘッダーのプロトコル番号で判別できるから問題ない。これで，IPsecのパケットもルーターが中継できるようになる☞。

UDPヘッダーを付けてだます手も

IPsecゲートウエイ側で対応する解決策は，「NATトラバーサル・UDPエンカプセレーション」と呼ばれる。比較的新しい技術だが，最近では多くのIPsec製品が対応している。こちらは，ESPパケットをUDPパケットに見せかけてブロードバンド・ルーターをだますようなやり方だ。

NATトラバーサルを使うIPsecゲートウエイは，まずNATトラバーサルが必要かどうかを判定することになっている。そのためにIPsecゲートウエイは，最初に制御用トンネルの確立要求を受け取ったときに，そのパケットの送信元UDPポート

中継できるようになる
ただし，VPNパススルー機能に対応したルーターのほとんどは，LAN側に置けるIPsecゲートウエイを1台に限定している。

●図4-18　IPsecのNAT越え対策（1）
対策は2種類ある。その一つはIPsec対応のブロードバンド・ルーターを使うことだ。

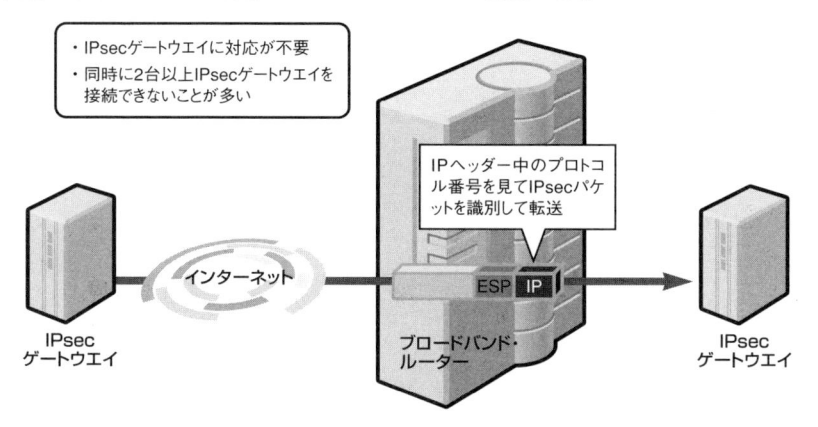

・IPsecゲートウエイに対応が不要
・同時に2台以上IPsecゲートウエイを接続できないことが多い

IPヘッダー中のプロトコル番号を見てIPsecパケットを識別して転送

ESP　IP

IPsecゲートウエイ　　インターネット　　ブロードバンド・ルーター　　IPsecゲートウエイ

番号を調べる。500番以外の番号に書き換わっていたら，途中にブロードバンド・ルーターがあり，IPマスカレードによってポート番号が書き換えられたと判断する。

そして，このことを反対側のIPsecゲートウエイにも伝える。あとは，通信用トンネルでやりとりするパケットのIPヘッダーとESPヘッダーの間にUDPヘッダーを挿入する。さらに，IPヘッダーのプロトコル番号を記述する領域にUDPを表す17番を書き込む（図4-19）。

こうすれば，ブロードバンド・ルーターにはIPsecのパケットもUDPパケットに見えるので，普通にパケットが転送される。送信側ゲートウエイがUDPヘッダーを付加し，受信側で取り外すだけである。

このNATトラバーサルは，標準化作業が進行中の規格である。今販売されている対応機器は，標準化を先取りしたものである。しかし，メーカー間の違いは，付加するUDPヘッダーに書き込むポート番号くらいで，設定を少し変えれば，ほとんどの製品の間で相互に通信できる。

●図4-19　IPsecのNAT越え対策（2）
IPsecゲートウエイがNATを越えられるパケットを作るようにする方法もある。

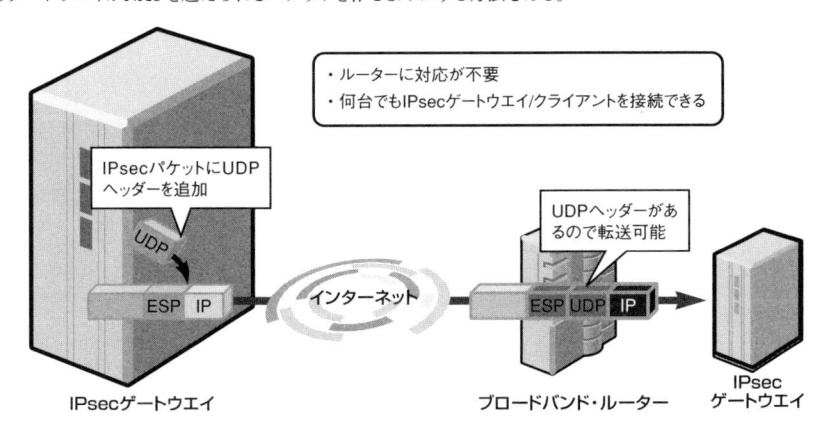

例題3…アドレス重複問題

LAN同士，あるいはLANとパソコンをIPsecでつなぐと，一つのネットワークになる。とすると，その中にあるパソコンなどのIPアドレスは重複してはならない。だが，注意していても重複してしまうことがあるんじゃ。

一つのネットワークでアドレスの重複が許されないのは当たり前のこと。一見すると離れていて関係なさそうにも見えるが，IPsecトンネルでつないだネットワークも，やはり一つのネットワークだ。したがって，アドレスの重複は許されない。

リモート・アクセスで起こりやすい

しかし，どうしてもアドレスが重複してしまうケースがある。その多くは，リモート・アクセス環境で起こる。パソコンにインストールしたIPsecクライアント・ソフトとIPsecゲートウエイの間でVPNを作り，ゲートウエイの内側にある社内ネットへパソコンがアクセスできるようにする環境だ。

例えば，自宅のパソコンから社内ネットへアクセスするケース。自宅のパソコンは，DHCPサーバーを兼ねたブロードバンド・ルーターからIPアドレスを動的に割り当ててもらうのが一般的。このときブロードバンド・ルーターが割り当てるIPアドレスの範囲が，会社で使っているIPアドレスの範囲と重なっていると，アドレスの重複が起こり得る（p.172の図4-20）。こうしたケースでは，プライベートIPアドレスを使うことが多いので，重複する可能性も高まる。

ただ，自宅のパソコンなら，比較的簡単に解決できる。ルーターのDHCPサーバーの設定を変更して，会社で使っているIPアドレスと重複しない範囲のIPアドレスを割り当てるようにすればよい。

DHCP
dynamic host configuration protocolの略。ネットワークにつながったパソコンなどの端末が，IPアドレスなどのネットワーク設定情報を取得するためのプロトコル。

起こり得る
図4-20のように，異なる場所からリモート・アクセスしてくるパソコンが同じアドレスを使ってしまうことも起こる。アドレスが重複したパソコンは，どちらの場合も正常な通信ができない。

しかし，喫茶店やホテルのロビーにある無線LANアクセス・ポイントを介してインターネットに接続できるサービスなどを使うときは，そうはいかない。こうしたケースもアクセス・ポイントのDHCPサーバー機能が，動的にプライベートIPアドレスを割り当てることが多い。しかし，割り当てるアドレスの範囲をユーザー自身が勝手に変更できないからだ。

IPsec専用のアドレスを割り当てる

そこで最近のIPsec製品の多くは，IPsec通信専用のアドレスをパソコンが取得できるようにする機能を持っている。この

●図4-20　アドレス体系にも注意
トンネルでつないだLANや端末の間でIPアドレスが重複するとうまく通信できない。

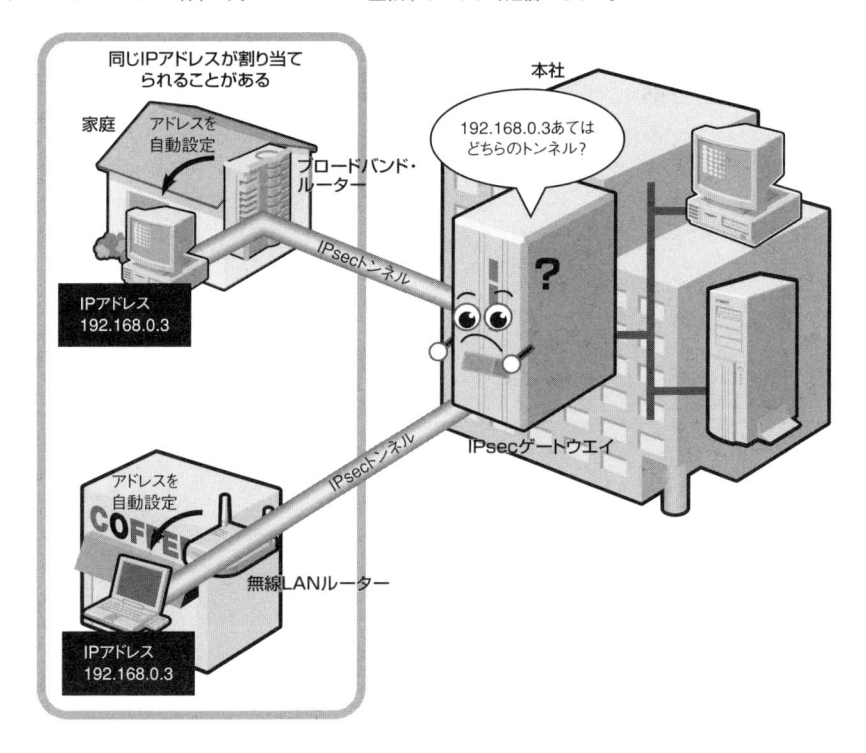

機能は，IPsecゲートウエイとIPsecクライアント・ソフトの両側で対応する。

　実現方法は製品によって異なるため，同じメーカーのIPsec製品同士を組み合わせないと，うまく動かないことが多い。

　ただ今後は，IPsec-DHCPというやり方に統一されていく見込みだ◆。現在策定中のIPsec規格◆にIPsec-DHCPが盛り込まれることになっているからである。ここでは，今後主流になるIPsec-DHCPを確認しておこう。

　IPsecクライアントとゲートウエイの間に専用トンネル◆を一時的に作り，そのトンネルを使って会社にあるDHCPサーバーからIPsecクライアントが別のIPアドレスを取得する流れになる。

　パソコンはネットワークに接続した時点で，近くのDHCPサーバーからIPアドレスを取得する（p.174の図4-21①）。このアドレスをAとしよう。ここで，パソコンのIPsecクライアント・ソフトを起動すると，このアドレスAを使ってIPsecゲートウエイとの間で制御用トンネルを確立する。ここまでは通常のやりとりと同じだ。

　制御用トンネルができると，IPsecクライアントは，相手のIPsecゲートウエイを介して，その先にある会社のDHCPサーバーから新たにIPアドレスを取得しようとする。そのために，制御用トンネルとは別の専用トンネルを作る。

　そして，このトンネルを使って会社のDHCPサーバーへ要求を出し（②），DHCPサーバーからIPアドレスBを取得する◆（③）。このアドレスBが，IPsec通信にだけ使うアドレスだ。

二つのIPアドレスを使い分ける

　この時点でパソコンにはアドレスAとBの二つが割り振られることになる。そして，IPsecクライアントは，パソコンが送

見込みだ
制御用トンネル内で設定情報などをやりとりする方法（モード・コンフィグという）を使って，IPsec用のIPアドレスを取得する製品も多い。

IPsec規格
2004年10月時点でドラフトになっているIKE v2のこと。

専用トンネル
DHCPアクセス専用に設ける通信用トンネルで，上り下りの二つができる。

取得する
社内のDNSサーバーのアドレスも取得できる。こうすれば，IPsecクライアントから社内のDNSサーバーにアドレスを問い合わせて，社内サーバーのホスト名に対応するアドレスを調べることも可能になる。

ろうとしたパケットのあて先を監視し，社内ネットワークあてのパケットなら送信元IPアドレスをBに書き換えて転送する（④）。しかし，あて先がそれ以外だったら，送信元アドレスを書き換えず，そのままインターネットなどへ送り出す（④'）。

こうすれば，パソコンから送出されたパケットが社内LANに届いたときには，送信元IPアドレスはBになる。Bは会社のDHCPサーバーから割り振られたものなので，社内ネット内で重複することはない。

パソコンの方は，最初に割り当てられたIPアドレスAしか使っていないように見える。AとBの両方を知っているのはIPsecクライアント・ソフトだけだ。このIPsecクライアント・ソフトがAとBをあて先ごとに使い分けるのである。

●図4-21 IPsec-DHCPを使えばリモート・アクセス専用のIPアドレスを取得できる

インターネット・アクセスとリモート・アクセスでアドレスを使い分けるようになる。

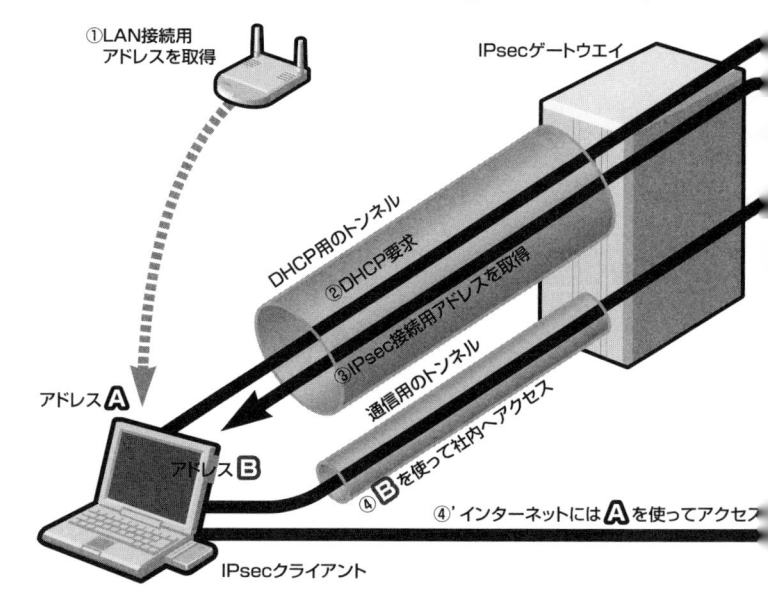

①LAN接続用アドレスを取得
IPsecゲートウエイ
DHCP用のトンネル
②DHCP要求
③IPsec接続用アドレスを取得
通信用のトンネル
アドレス A
アドレス B
④ B を使って社内へアクセス
④' インターネットには A を使ってアクセス
IPsecクライアント

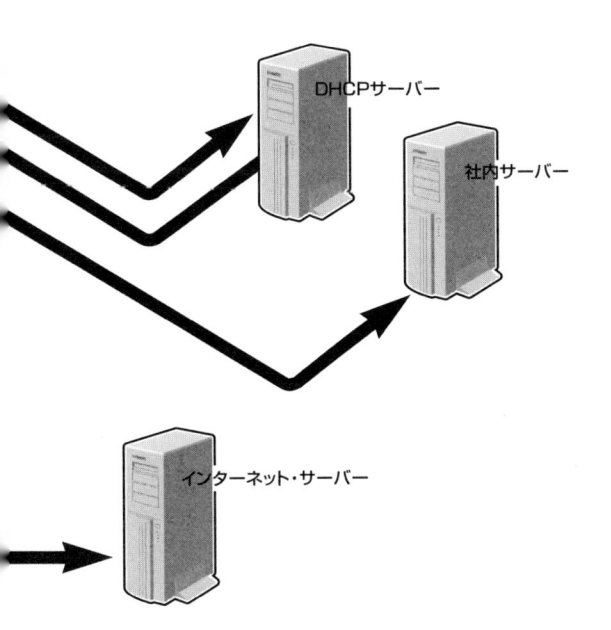

DHCPサーバー

社内サーバー

インターネット・サーバー

索引

数字
3DES ……………………… →トリプルDES

A
AES …………… 18, 25, 28, 52, 130
AH ……………………………………… 132
APOP ………………………………… 100
Arcfour ………………………………… 28

C
CA（認証局）……………… 44, 73, 114
CBCモード（暗号ブロック・チェーン・モード）
………………………………………… 26
CHAP …………………………… 62, 105
Cookie ……………………………… 118
CTRモード（カウンタ・モード）……… 26

D
DES
………… 12, 18, 25, 30, 52, 64, 65, 116, 130
DES-EDE2 …………………………… 31
DES-EDE3 …………………………… 31
DESチャレンジⅢ ……………… 16, 59
DH鍵共有 ……………………………… 35
Diffie-Hellman交換 ………………… 152
digest ……………………………… 110
DSA …………………………………… 35

E
ECBモード（電子符号表モード）…… 26
ElGamal暗号 ………………………… 35
EPOC ………………………………… 56
ESP …………………………… 132, 166
ESPヘッダー ………………… 146, 161

F
FEAL …………………………… 52, 64

H
HMAC ………………………………… 34
HTTP ……………………………… 107

I
ICMP ……………………………… 163
ID …………………………………… 84
IDEA ………………………………… 52
IPsec ……………………… 45, 62, 124
IPsec-DHCP ……………………… 173
IPsec SA（通信用トンネル）…… 135, 140
IPsecゲートウェイ ……………… 128
IPマスカレード …………………… 166
ISAKMP …………………………… 168
ISAKMP SA（制御用トンネル）
…………………………… 135, 140, 155
IV（初期化ベクトル）………………… 26

J
JavaScript ……………………… 110

L
LAN間接続 ……………………… 127
LM認証 …………………………… 116

M
MAC（メッセージ認証コード）34, 40, 41
MAC鍵 ……………………………… 40
MARS ……………………………… 19
MD4 …………………………… 91, 116
MD5 ……… 33, 58, 64, 91, 101, 116
Misty ……………………………… 56
mod ………………………………… 70
MS-CHAP ………………………… 106
MS-CHAPv2 ……………………… 106

N
NAT越え問題 …………………… 166
NATトラバーサル・
　UDPエンカプセレーション ……… 169
nonce ……………………………… 110
NTLM認証 ………………………… 116
NTLMv2認証 ……………………… 116

索引

P
- PAP ………………………………… 105
- PGP …………………… 45, 52, 72, 77
- Philip Zimmermann ……………… 77
- POP3 ………………………………… 100
- PPP …………………………………… 104
- PPTP ………………………………… 28

R
- RADIUS ……………………………… 121
- RC4 …………………………………… 28
- RC6 …………………………………… 19
- Rijindeal …………………………… 19
- Ronald Rivest ……… →ロン・リベスト
- RSA …………………………………… 64
- RSA暗号 ………………… 35, 68, 91

S
- SA …………………………………… 140
- S-box ………………………… 10, 66
- SHA-1 ………………… 33, 58, 91
- S/MIME ……………… 62, 71, 75
- SPAP ………………………………… 106
- SPI ……………………… 141, 159
- SPN構造 …………………………… 19
- SSL ……… 28, 39, 62, 64, 72, 112

V
- VPN ………………… 126, 127, 132
- VPNパススルー ………………… 168

W
- WEP ………………………………… 28
- WPA ………………………………… 28

X
- X.509 ……………………………… 74
- XOR（排他論理和）……………… 11

あ
- アクセス・サーバー …………… 120
- アグレッシブ・モード …… 155, 157
- アドレス重複問題 ……………… 171
- 暗号 …………………………… 8, 50
- 暗号化 ……………………… 9, 50, 126
- 暗号鍵 ……………………………… 8, 23
- 暗号強度 …………………………… 58
- 暗号ブロック・チェーン・モード
  （CBCモード）…………………… 26

い
- 一方向暗号 ………… 22, 32, 40, 91
- 一方向関数 ………………………… 90
- インターネットVPN ……… 126, 127

か
- 改ざん ………………… 21, 56, 146
- 改ざん検出 ………… 98, 132, 146
- カウンタ・モード（CTRモード）… 26
- カオス暗号 ………………………… 65
- 鍵拡大 ……………………………… 13
- 鍵交換 ………………… 42, 45, 130
- 鍵サーバー ………………………… 81
- 鍵スケジューリング …………… 13
- 鍵ストリーム ……………………… 24
- 鍵配送問題 ………………………… 42
- カプセル化 ……………… 129, 161
- 換字処理 …………………… 10, 65
- 完全暗号 …………………………… 53
- 完全性 ……………………………… 39

き
- 既知平文法 ………………………… 60
- 機密性 ……………………………… 39
- 共通鍵 ……………………………… 52
- 共通鍵暗号 … 22, 23, 40, 50, 78, 130

こ 公開鍵 …………………………35, 54
公開鍵暗号
………22, 35, 41, 42, 50, 53, 78, 95

さ 差分攻撃（差分解読法）………15, 59, 60

し シーケンス番号 …………………………148
辞書攻撃 ……………………………………15
事前共有鍵（プリシェアード・キー）…149
初期化ベクトル（IV）………………………26

す ストリーム暗号 ……………………24, 65

せ 制御用トンネル（ISAKMP SA）
………………………135, 140, 155
セッション鍵 ………………45, 48, 78
セレクタ ……………………………………144
線形攻撃（線形解読法）………15, 59, 60
選択平文法 …………………………………60

そ 素因数分解 ……………………………38, 68
総当たり攻撃（総当たり法）
………………………15, 16, 56, 60
素数 ……………………………………38, 68

た 第三者認証 ………………………………114
ダイジェスト認証 ……………………107
対称暗号 ……………………………………23

ち 置換表 ……………………………………10
チャレンジ …………………………………89
チャレンジ・レスポンス…89, 101, 107, 116
中間値攻撃 …………………………………30

つ 通信用トンネル（IPsec SA）……135, 140
使い捨てパッド ……………………………53

て ディジタルID ………………………………73
ディジタル証明書（電子証明書）
………………………………44, 56, 71, 73
ディジタル署名（電子署名）
………………36, 41, 44, 55, 95, 113
電子証明書（ディジタル証明書）
………………………………44, 56, 71, 73
電子署名（ディジタル署名）
………………36, 41, 44, 55, 95, 113
電子署名法 …………………………………50
電子符号表モード（ECBモード）………26
転置処理 ………………………………10, 65
電力攻撃 ……………………………………15

と 盗聴 ……………………22, 39, 131, 146
トランスポート・モード …………………132
トリプルDES …………………27, 30, 130
トンネル ……………………………………125
トンネル・モード …………………………132

な なりすまし ………………………21, 55, 131

に 認証 ……………37, 40, 85, 130, 149
認証局（CA）……………………44, 73, 114
認証データ ……………………………146, 161

は バーナム暗号 ………………………………53
排他論理和（XOR）………………………11
ハイブリッド暗号 …………………………44
パケット長問題 ……………………………161
パスフレーズ ………………………………80

索引

は
- パスワード ……………………………84, 87
- ハッシュ ………………………………32, 91
- ハッシュ関数 ………32, 50, 56, 91, 98
- ハッシュ値 ……………32, 40, 56, 146

ひ
- 非対称暗号………………………→公開鍵暗号
- 否認防止 …………………………………55
- 秘密鍵 …………………………35, 54, 79, 152
- 秘密鍵暗号 ………………………………23
- 平文認証 ………………………87, 101, 107
- 頻度分析 …………………………………15

ふ
- ファイステル構造 ………………13, 18, 30
- フィンガ・プリント ……………………32
- 復号
  ……8, 13, 30, 52, 67, 69, 130, 137, 143
- プライベートIPアドレス ………………130
- プリシェアード・キー（事前共有鍵）…149
- プレマスター・シークレット……………45
- ブロック暗号 …………………………24, 65

へ
- ベーシック認証…………………………107

ほ
- 法 …………………………………………70

め
- メイン・モード ……………………155, 156
- メッセージ・ダイジェスト ……32, 56, 91
- メッセージ認証コード（MAC）…34, 40, 41

も
- モード・コンフィグ ……………………173

ら
- ラウンド …………………………………67
- ラウンド鍵 ………………………………13
- 乱数 …………………………………48, 160

ら
- 乱数発生器 ………………………………25

り
- リプライ攻撃 ……………………………146
- リモート・アクセス ……………………127
- 利用モード ………………………………26

れ
- レスポンス ………………………………89

ろ
- ロン・リベスト ……………………33, 58, 91

わ
- ワンタイム・パスワード…………………94

初出一覧 ─────────────────

Part1 暗号通信の基本　　　2004年 3月号，特集1
Part2 暗号技術の中身　　　2000年10月号，特集2
Part3 認証の本質　　　　　2003年 2月号，特集1
Part4 IPsec完全制覇　　　 2003年12月号，特集1

本書は日経NETWORKの上記記事を基に，加筆・修正したものです。

基礎から身につくネットワーク技術シリーズ②

暗号と認証

2004年11月22日　初版第1刷発行

編集　　　日経NETWORK
発行人　　瀬川 弘司
発行　　　日経BP社
発売　　　日経BP出版センター
　　　　　〒102-8622　東京都千代田区平河町2-7-6
　　　　　http://itpro.nikkeibp.co.jp/NNW/
制作・デザイン　　コミュニケーション・エンジニアーズ
印刷・製本　　　　図書印刷（株）

ISBN4-8222-1269-6　　　　　　　Ⓒ日経BP社2004

●本書の無断複写複製(コピー)は，特定の場合を除き，著作者・出版社の権利侵害となります。